書き込み式

統計学入門

スキマ時間で
統計エクササイズ

須藤昭義・中西寛子 著

東京図書

はじめに

本書は，統計学の初心者を対象としています。中高生でもかまいません。また，中高生を教える教員やご家族でもかまいません。そして，ゆっくりと統計学を学びたいという社会人も大歓迎です。本書は，次の3章からなっています。

1章「統計学の基礎はこれでわかる！」
2章「ペアの関係はこう考える！」
3章「統計的推測の世界にようこそ！」

どの章も豊富な問題が用意され，書き込みながら体で統計学を理解できるように構成されています。また，本書は新学習指導要領（2018年改訂）で示された統計学の内容を意識しています。

この本を書いた理由を著者の須藤（中高の数学教員）が述べます。

あるとき，共著者からこんな質問をされました。

「コインを10回連続で投げたときに，表が連続して10回出る確率を求めてみて…」と。

即座に「$\frac{1}{2} \times \frac{1}{2} \times \cdots \times \frac{1}{2} = \frac{1}{2^{10}} = \frac{1}{1024}$ です！」と答えました。すると「それで終わり？」と言われてしまいました。意味がわからずキョトンとしていたら，「これからの数学教育はそれじゃダメ！"そのコインはおかしいのでは？"と問題意識を持たせ，その根拠を数学的に計算して説明できるように育てる必要があるの」とのことでした。

中学，高校の数学教育に携わるようになって30年近くになりますが，そのような問題意識を全然持っていなかったので，頭をハンマーで殴られたような衝撃を受けました。これがきっかけで統計学や数学の教育の在り方を考え直しました。

もう1つお話ししましょう。高校の男子バレーボール部の顧問をしていたときの話です。チームには，レシーブを専門にするリベロと呼ばれる選手がいます。相手チームに返球するときには「リベロを避ける」のが定番の理論なのですが，データをとってみると面白いことがわかりました。リベロにチャンスボールを返球すると90％以上の確率で相手のセンター

から A クイックを打ち返してくることがわかったのです。そこで，相手のセンターの A クイックに合わせてブロックを 3 枚つけて，あえて理論とは逆にチャンスボールをリベロに返球しました。するとどうなったでしょうか。結果は大成功，みごとに相手の攻撃をシャットアウトすることができたのです。

　日常生活にはさまざまな「理論」「常識」がありますが，データをとってみると案外「常識を覆す」ことが沢山ありそうです。調べてみたくなりませんか？ ただ「調べてみよう！ 統計の勉強を始めてみよう！」と思って学校の教科書を開いてみても「○○のことを□□という」といった定義式がズラズラ書かれていて閉口してしまいます。

　そこで初心者にもわかりやすく丁寧に書かれた本が必要だと考えました。それが本書です。中学生では少し難しいという内容もありますが，高校 1，2 年生なら全範囲理解できると思います。

　この本を終えたあとにぜひ挑戦してもらいたいのが「統計検定®」です。日本統計学会公式認定の，統計に関する知識や活用力を評価する全国統一試験です。現代社会の統計の必要性を予見して 2011 年から実施しています。統計検定の面白いところは，実際のデータを用いて出題されているため，「ヘェーそうなんだ！」という感想を持てることでしょう。中学生は 4 級を，高校生は 3 級を受験することをオススメします。本書は，2020 年から始まる統計検定 4 級，3 級の新範囲にできるだけ対応するよう書きました。

　みなさんが，この本書から統計学の楽しさを味わい，さらに統計学の勉強を進めてくだされば大変幸せに感じます。最後に，統計学の勉強のため 1 年間，研究員として受け入れてくださった一般財団法人 統計質保証推進協会に感謝いたします。

筆者を代表して　須藤昭義

　統計検定® は一般財団法人統計質保証推進協会の登録商標です。
　本書籍の内容について，一般財団法人統計質保証推進協会は関与していません。

目次

- はじめに　iii

1章　統計学の基礎はこれでわかる！

1　度数の分布　2
1. 度数分布表　3
2. ヒストグラムと度数分布多角形　6
3. 幹葉図　10
4. 相対度数　11
5. 累積度数と累積相対度数　13
   - コラム　これがヒストグラム??　16

2　代表値　19
1. 平均値　19
2. 中央値　27
3. 最頻値　32
   - コラム　正しく平均値を調べていますか??　39

3　四分位数と箱ひげ図　40
1. 四分位数　40
2. 五数要約と箱ひげ図　44
3. ヒストグラムと箱ひげ図　48
   - コラム　箱ひげ図→ヒストグラム→データの復元はできません！　56

4　分散と標準偏差　58
1. 分散と標準偏差　58
2. 手順表の利用　65
3. 分散を求めるもう1つの式　68
   - コラム　範囲・四分位範囲・分散（標準偏差）と散らばりの程度　72

5　データの変換　73
1. データの変換とその性質　74
2. 標準化得点と偏差値　79
   - コラム　偏差値の歴史　84

発展　近似値・誤差・有効数字　85

2章　ペアの関係はこう考える！

1 散布図と相関係数　90
1. 散布図と相関　91
2. 共分散　94
3. 相関係数　98
4. 相関の強弱　105
5. 相関係数に関する注意点　109
   - コラム　シンプソンのパラドックス　116

2 回帰分析　118
1. 回帰直線　119
2. 決定係数　124
   - コラム　回帰直線の傾きと相関係数の関係　128
   - コラム　平均への回帰　130

3章　統計的推測の世界にようこそ！

1 標本調査　134
1. 全数調査と標本調査　134
   - コラム　味噌汁の味見と標本調査　137
2. 無作為抽出と乱数　138
   - コラム　じゃんけんと乱数　141

2 確率と確率分布　143
1. 確率の定義と定理　143
2. 確率変数と確率分布　152
3. 二項分布と正規分布　160
   - コラム　確率とギャンブル　171

3 推測統計　172
1. 仮説検定　172
2. 区間推定　180
   - コラム　品質管理の仮説検定　184
   - コラム　統計学への誘い（ヒッグス粒子の存在）　185

発展　分散分析への導入　186

- 付表　190
- 練習問題の解答　191
- 索引　216

1章 統計学の基礎はこれでわかる！

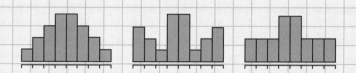

1. **度数の分布**
   1. 度数分布表
   2. ヒストグラムと度数分布多角形
   3. 幹葉図
   4. 相対度数
   5. 累積度数と累積相対度数
   コラム　これがヒストグラム？？

2. **代表値**
   1. 平均値
   2. 中央値
   3. 最頻値
   コラム　正しく平均値を調べていますか？？

3. **四分位数と箱ひげ図**
   1. 四分位数
   2. 五数要約と箱ひげ図
   3. ヒストグラムと箱ひげ図
   コラム　箱ひげ図→ヒストグラム→データの復元はできません！

4. **分散と標準偏差**
   1. 分散と標準偏差
   2. 手順表の利用
   3. 分散を求めるもう一つの式
   コラム　範囲・四分位範囲・分散（標準偏差）と散らばりの程度

5. **データの変換**
   1. データの変換とその性質
   2. 標準化得点と偏差値
   コラム　偏差値の歴史

   発展　近似値・誤差・有効数字

1 度数の分布

表 1.1.1 の資料（以後，データという）は，X 組 40 人の生徒の身長を記したものです。165.9 や 163.6 のようにデータを構成している 1 つ 1 つの要素を観測値（または測定値）といいます。

表 1.1.1：X 組の生徒の身長

生徒	身長(cm)	生徒	身長(cm)	生徒	身長(cm)	生徒	身長(cm)
1	165.9	11	172.4	21	157.1	31	153.0
2	163.6	12	161.0	22	174.6	32	166.9
3	169.3	13	164.5	23	159.9	33	172.9
4	170.0	14	163.3	24	176.4	34	165.6
5	171.1	15	159.6	25	165.7	35	156.5
6	167.7	16	163.5	26	159.9	36	155.5
7	166.1	17	167.6	27	150.2	37	162.5
8	174.2	18	162.4	28	160.8	38	158.0
9	165.4	19	159.6	29	150.0	39	160.9
10	165.2	20	163.1	30	161.6	40	162.4

観測値をただ並べただけではデータの特徴はわかりません。データの特徴を表や図でとらえ，活用する方法を考えましょう。

まずは，観測値を並べただけの表からスタート！！

1. 度数分布表

はじめに，データの散らばりの様子（分布という）を簡単につかむため，最大値と最小値を見てみましょう。最大値は 24 番の 176.4cm，最小値は 29 番の 150.0cm です。最大値から最小値を引いた値を，分布の範囲（レンジ）といいます。

> **定　義**
>
> （範囲）＝（最大値）−（最小値）

この分布の範囲は 176.4−150.0＝26.4 で 26.4cm です。

注意　データと観測値，そしてデータサイズ（データの大きさ）

統計学に関する読み物の中には，「データ」という言葉を，「観測値の集まり（1 セット）」と「個々の観測値」の両方の意味を混在して使っているものがあります。「データ」は前者を意味しており，データに含まれる観測値の個数を「データサイズ」または「データの大きさ」といいます。観測値の個数が多いとき，データサイズが大きいといい，データの個数が多いとはいいません。たとえば，40 個の観測値からなるデータは，「データサイズ 40 のデータ」または「データの大きさが 40 である」などと表現します。データの個数が 3 個というと，データ（観測値の集まり）が 3 セットあることになります。本書では，データと観測値を区別して話を進めます。

データの種類

データは,大きく次の2種類に分かれます。

質的データ…サッカーチームの名前,趣味,好きな科目,名前,性別など,種類(カテゴリ)で示されるもの

量的データ…身長,体重,通学時間,得点,立ち幅跳びの記録,一週間に読む本の冊数など,数量で示されるもの

表 1.1.2:X組の生徒の身長の度数分布表

階級(cm)	度数(人)
以上　未満 150 ～ 155	3
155 ～ 160	8
160 ～ 165	12
165 ～ 170	10
170 ～ 175	6
175 ～ 180	1
計	40

　表 1.1.2 は,前のデータ(表 1.1.1)をもとに 150cm から 180cm までを 5cm ずつの区間に分け,各区間に入っている生徒の人数を調べて作成したものです。このような区間のことを階級,区間の幅を階級の幅,それぞれの階級に入っている観測値の個数を,その階級の度数といいます。また,このように階級と度数を示した表を度数分布表といいます。

　階級の幅の決め方に絶対的なものはありませんが,あとで述べるヒストグラムを利用したときに分布の特徴がわかるものがよいです。

　表 1.1.2 の度数分布表には,6つの階級があることがわかります。階級の幅は等間隔で 5cm です。これらの階級の度数から階級に含まれる人数を読み取ることができます。たとえば,身長 170cm 以上 175cm 未満の

階級の生徒は 6 人です。

　この度数分布表は，階級の幅が等間隔です。階級の幅は必ず等間隔にしなければならないのではありません。それについてはコラム（図 1.1.10）を参照してください。

 階級の幅に関する間違い

　途中点なしで，1 問 12 点の 8 問のテスト（96 点満点）を 10 人が受けたとします。途中点がありませんから，取り得る値はとびとびで，0，12，24，36，48，60，72，84，96 だけです。これらはカテゴリとして考えるほうが好ましく，全員の結果を図 1.1.1 のようなグラフで表します。これを<u>ドットプロット</u>といいます。

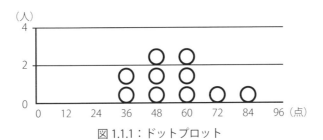

図 1.1.1：ドットプロット

この結果から，区間の幅を 10 点にした度数分布表を作成した場合，何が起こってしまうでしょうか？ 理論的に 50 点以上 60 点未満の値をとることはありません。つまり，度数は常に 0 です。あとで述べるヒストグラムで表現すると図 1.1.2 のようになります。あたかもここに谷があり，また，ふた山あるように見えてしまって不適切です。

4 点刻みの点数で 20 問（80 点満点）出題したとします。この場合も同様の問題が起こります。知らず知らず，10 点刻みで度数分布表を作成してしまうことがありますので，元のデータの刻み幅に注意しましょう。

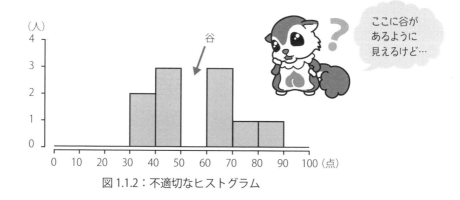

図 1.1.2：不適切なヒストグラム

 ## 2. ヒストグラムと度数分布多角形

度数分布表から得られる分布の様子を，視覚的にわかりやすく表すことを考えましょう。

階級の幅を底辺とする長方形の面積が，その階級の度数に比例するように描いたグラフをヒストグラム（柱状グラフ）といいます。図 1.1.3 のヒストグラムは表 1.1.2 の度数分布表から作成したものです。横軸は 150cm 以上 155cm 未満の階級，155cm 以上 160cm 未満の階級，…を意味しています。

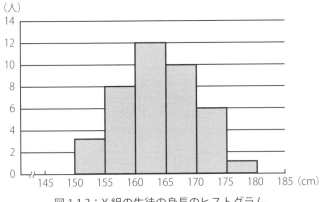

図 1.1.3：X 組の生徒の身長のヒストグラム

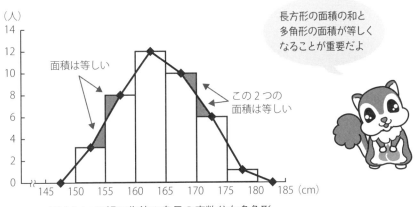

図 1.1.4：X 組の生徒の身長の度数分布多角形

　ヒストグラムで，それぞれの長方形の上の辺の中点を結ぶと，図 1.1.4 のようになります。これを**度数分布多角形**といいます。この図を描くとき，ヒストグラムの柱状部分の面積の和と，度数分布多角形の面積が等しくなるようにしなければなりません。そのため，折れ線は，柱状グラフのはみ出した部分とへこんだ部分の面積が等しくなるように描きます。さらに，左端は 1 つ手前（小さいほう）の階級の度数を 0 とし，右端は 1 つ先（大きいほう）の階級の度数を 0 として描きます。

練習 1 次のデータは，ある学校の中学1年の男子25人の体重を出席番号順に並べたものです。下の表および図を完成させなさい。

生徒	体重(kg)	生徒	体重(kg)	生徒	体重(kg)
1	56.8	11	64.2	21	61.8
2	46.8	12	52.2	22	56.7
3	57.8	13	53.3	23	67.2
4	58.9	14	45.0	24	68.9
5	41.3	15	54.8	25	54.9
6	59.5	16	64.8		
7	50.5	17	47.8		
8	59.1	18	62.3		
9	51.9	19	58.8		
10	62.1	20	48.1		

「正」の字を書いて数えてみよう！

(1) 度数分布表

階級（kg）	度数（人）
以上　未満　40 〜 45	
45 〜 50	
50 〜 55	
55 〜 60	
60 〜 65	
65 〜 70	
計	

(2) ヒストグラムと度数分布多角形
（同じところに描きましょう）

棒グラフとヒストグラム

棒グラフは小学校で学ぶ基本的なグラフです。ヒストグラムは棒グラフに似ていますが全く違うものです。ここで、これらの違いをまとめてみましょう。

棒グラフ………数量の大小を比較する際に用いられるグラフ。主に横軸は質的データのカテゴリ、縦軸は観測値の個数（度数）をとることが多い。棒の高さで度数を比較する。

ヒストグラム…量的データの分布を見るためのグラフ。横軸は量的データの階級、度数または相対度数（後述）の大小を長方形の面積で表す。

棒グラフの例も見てみましょう。

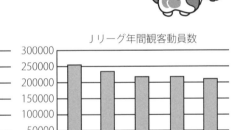

図 1.1.5：棒グラフ（右は度数の大きい順）

図 1.1.5 の左図の場合、棒グラフの横軸にある J リーグのチーム名は順序のないカテゴリなので任意に並べ替えると、図 1.1.5 の右図ができます。一般に、右のグラフのように度数が大きい順に並べるのがよいとされています。

一方、ヒストグラムの横軸は、小さい数値から大きな数値が並んでいる

ので，並べ替えることはできません。たとえば，$\genfrac{}{}{0pt}{}{300}{\sim}\genfrac{}{}{0pt}{}{}{400}$ と $\genfrac{}{}{0pt}{}{500}{\sim}\genfrac{}{}{0pt}{}{}{600}$ を並べ替えることはできません。

さらに，図 1.1.1 のドットプロットについて考えてみましょう。この図から棒グラフを作成することができます。この図の横軸の点数には大小の順がありますので，並べ替えることは好ましくありません。また，アンケートにおける「大好き」「好き」「どちらでもない」「嫌い」「大嫌い」といったカテゴリも順序がありますので，順序を意識して描くようにします。

3. 幹葉図

ヒストグラムと同様の視覚効果をもつものとして，幹葉図があります。図 1.1.6 の幹葉図は表 1.1.1 のデータから作成したもので，視覚的には，図 1.1.3 のヒストグラムを横にしたと考えることができます。左の「幹」の数値は 150cm，160cm，170cm の位を，右の「葉」の数値は 1cm の位を意味しています。これらを合わせて観測値を示すことができます。たとえば，15 | 0 は 150.0cm ～ 150.9cm にある値を，また，17 | 6 は 176.0cm ～ 176.9cm にある値を表現しています。幹葉図の特徴は，数値を示すためヒストグラムより失われる情報が少ないことです。

```
15 |  003
15 |  56789999
16 |  001122233334
16 |  5555566779
17 |  012244
17 |  6
```

図 1.1.6：X 組の生徒の身長の幹葉図

4. 相対度数

X組の生徒の身長の度数分布表（表 1.1.2）と，新たに得られた Y組の生徒の身長の度数分布表（表 1.1.3）を比べてみましょう。

表 1.1.2：X組の生徒の身長の度数分布表

階級（cm）	度数（人）
以上　未満 150 〜 155	3
155 〜 160	8
160 〜 165	12
165 〜 170	10
170 〜 175	6
175 〜 180	1
計	40

表 1.1.3：Y組の生徒の身長の度数分布表

階級（cm）	度数（人）
以上　未満 150 〜 155	5
155 〜 160	8
160 〜 165	11
165 〜 170	13
170 〜 175	6
175 〜 180	5
計	48

2つ以上の度数分布表を比べるとき，度数の合計（データサイズ）が同じであるかどうかを調べましょう。表 1.1.2 の X組は 40人で，表 1.1.3 の Y組は 48人です。このように，必ずしも度数の合計が一致するとは限らないので，同じ階級の度数を比べても意味がありません。このようなときは，度数の代わりに度数の合計に対する割合，相対度数を用います。すなわち

> **定　義**
>
> $$(相対度数) = \frac{(その階級の度数)}{(度数の合計)}$$

を用います。度数の代わりに，相対度数を書いた度数分布表を相対度数分布表といいます。

丸め誤差に関する注意書き

X 組の生徒の身長の相対度数分布表を作成すると表 1.1.4 のようになります。相対度数の最後の計は各階級での四捨五入の丸め誤差のため，ちょうど 1.000 になるとは限りません。0.999 や 1.002 などとなったときは，丸め誤差であることを注意書きとして記述します。

表 1.1.4：X 組の生徒の身長の相対度数分布表

階級（cm） 以上　未満	相対度数
150 ～ 155	0.075
155 ～ 160	0.200
160 ～ 165	0.300
165 ～ 170	0.250
170 ～ 175	0.150
175 ～ 180	0.025
計	1.000

練習 2　表 1.1.4 の X 組の生徒の身長の相対度数分布表について，次の問いに答えなさい。

(1) 175cm 以上の生徒は全体の何%ですか。

(2) 165cm 以上の生徒は全体の何%ですか。

練習 3　表 1.1.3 の Y 組の生徒の身長の度数分布表について，次の問いに答えなさい。

(1) 155cm 以上 160cm 未満の生徒の相対度数を小数第 3 位を四捨五入して求めなさい。

(2) 165cm 以上 170cm 未満の生徒の相対度数は X 組と Y 組ではどちらが大きいでしょうか。表 1.1.4 と比較し答えなさい。

5. 累積度数と累積相対度数

　表1.1.5は表1.1.2の度数分布表に相対度数，累積度数と累積相対度数を加えたものです。累積度数は値の小さな階級からその階級までに含まれる度数の合計で，11＝3＋8，23＝11＋12，…，40＝39＋1と計算します。累積相対度数はその階級までの相対度数の合計で，0.275＝0.075＋0.200，0.575＝0.275＋0.300，…，1.000＝0.975＋0.025と計算します。累積相対度数は累積度数を度数の合計で割った値ととらえることもできますので，その階級までに含まれる度数の割合を示しているといえます。累積相対度数を用いると，最小値から最大値まで順に並べ，25％，50％，75％などに位置する個体がどの階級に属するかがわかります。この例では，それぞれが155〜160(cm)，160〜165(cm)，165〜170(cm)の階級に属していることが読み取れます。

表1.1.5：X組の生徒の身長の度数，相対度数，累積度数，累積相対度数分布表

階級（cm） 以上　　未満	度数（人）	相対度数	累積度数（人）	累積相対度数
150 〜 155	3	0.075	3	0.075
155 〜 160	8	0.200	11	0.275
160 〜 165	12	0.300	23	0.575
165 〜 170	10	0.250	33	0.825
170 〜 175	6	0.150	39	0.975
175 〜 180	1	0.025	40	1.000
計	40	1.000		

表 1.1.3 の Y 組の生徒の身長の度数分布表から，相対度数，累積度数，累積相対度数分布表を作成し，次の問いに答えなさい。

階級（cm）	度数（人）	相対度数	累積度数（人）	累積相対度数
以上　　未満				
150 〜 155	5			
155 〜 160	8			
160 〜 165	11			
165 〜 170	13			
170 〜 175	6			
175 〜 180	5			
計	48			

（1）165cm 未満の生徒は全体の何%ですか。

（2）170cm 以上の生徒は全体の何%ですか。

（3）小さな階級から 25%，50%，75%に位置する生徒が属している階級はどこですか。

次に累積相対度数を図示してみましょう．作成された図を累積分布図といいます．累積分布図を作成する方法は 2 つあります．

表 1.1.1 のようにすべての観測値がわかっている場合，小さな値から順に並べ，ある値より小さな値を示す個体数の度数の合計に対する割合を縦軸に図示します．累積分布図は 0.0 から始まり，単調に増加し，1.0 で終わります（図 1.1.7）．

一方，実際の観測値はわからず，表 1.1.2 のような度数分布表のみが与えられているような場合，次のような手順で作成します（図 1.1.8）．

1. 横軸に階級を取り，累積相対度数が長方形の面積に比例するように図示する．

2. 折れ線は0.0から始め、各長方形の右上の頂点を結ぶ。
3. 最後にこの長方形は消し、折れ線グラフだけを残す。

このように累積分布図は折れ線グラフの表現方法を用います。累積分布図を用いると、最小値から25%、50%、75%などに位置する値を読み取ることができます。たとえば、図1.1.7からは、それぞれが約160cm、約163cm、約167cmとわかります。図1.1.8からは、それぞれが155〜160(cm)、160〜165(cm)、165〜170(cm)の階級に属していることがわかります。

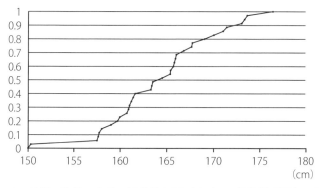

図1.1.7：X組の生徒の身長の累積分布図（すべての観測値が既知の場合）

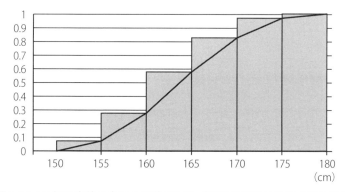

図1.1.8：X組の生徒の身長の累積分布図（度数分布表から作成する場合）

これがヒストグラム？？

総務省統計局にある貯蓄現在高階級別世帯分布のデータを用いて次のようなグラフ（図1.1.9）を描いてみました。何かおかしいと思いませんか？

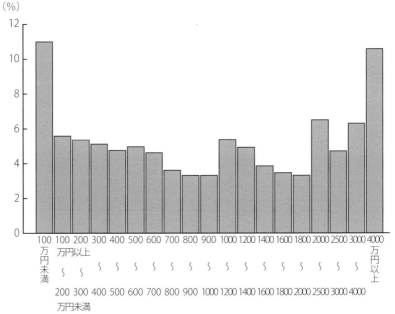

図1.1.9：誤った貯蓄現在高階級別世帯分布の図

一見，ヒストグラムのようですがそうではありません。これは誤解を生む誤ったグラフです。ときどき，このような誤った図を目にします。何がおかしいのか考えてみましょう。まずは横軸がおかしいことに気づいてください。このような図では，横軸に階級幅の長さを正確に描かねばなりません。次に，階級に対する度数を高さとして描いていますが，これではデータの特徴，つまり，分布の様子をとらえていません。山がいくつかあるように見えてしまいます。

それではどのような図がヒストグラムなのでしょうか？ ヒストグラムは，階級の幅を底辺とする長方形の面積が，その階級の度数に比例するように描いたグラフでした．正しいヒストグラムを描くと図 1.1.10 になります．ただし，スペースの関係上，90°回転させています．

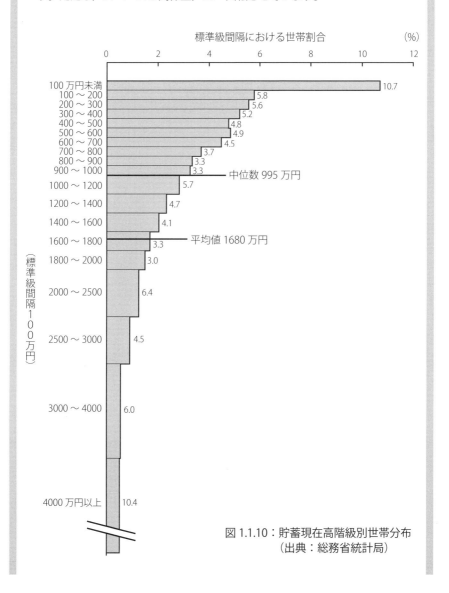

図 1.1.10：貯蓄現在高階級別世帯分布
（出典：総務省統計局）

横軸が正しく描かれていることと，面積が度数に対応していることから，データの特徴がつかめます。つまり，左端に山があって，徐々に低くなって（貯蓄残高の高い世帯が減って）いくことがわかります。なお，各階級の上の数値がその階級の相対度数を示しています。図 1.1.10 にある平均値や中位数については，第 2 節で説明します。

次は，データの特徴を値で示すことを学ぼう！！

2 代表値

　データの特徴を，代表する1つの数値で表現することを考えます。この1つの数値を代表値といいます。代表するとはいえ1つの値でデータの特徴がすべて理解できるわけではありませんので，次節以降で説明する分布の散らばりの程度も含めて考える必要があります。

　複数のデータがあるとき，それらの代表値を比較することで，データに関する違いを大まかに知ることができます。たとえば，試験の点数の平均点は代表値のひとつですが，前回の試験の平均点と，今回の試験の平均点を比較して，これらの違いを考えることができます。

　ここでは，代表値として平均値・中央値・最頻値の3種類を取り上げます。それぞれの代表値が示すことや，利点・欠点を理解してください。

1．平均値

平均値は代表値の中で最も用いられるものです。次のように定義します。

定　義

$$(\text{平均値}) = \frac{(\text{観測値の合計})}{(\text{観測値の個数})}$$

たとえば，データA：0，1，2，3，4 の平均値は，

$$\frac{0+1+2+3+4}{5} = 2$$

です。

また，データB：1，1，1，2，2，3，3，3，3，4，4，5 の平均値は

$$\frac{1\times3+2\times2+3\times4+4\times2+5\times1}{12}=\frac{32}{12}=\frac{8}{3}=2.66\cdots\fallingdotseq2.7$$

です。このように，観測値に同じものが複数ある場合は，順次足し算をするのではなく，（観測値 × 繰り返し数）の掛け算を利用することができます。次の練習5のような表にして平均値を計算すると便利です。また，統計学では，分数である $\frac{8}{3}$ を答えにすることはなく，適当な有効桁の小数で表します。

　データBの表から，平均値を求めなさい。

観測値	度数	観測値 × 度数
1	3	
2	2	
3	4	
4	2	
5	1	
計	12	

観測値×度数の和が
観測値の合計になるよ
平均値の定義から計算できるね

相対度数と平均値

次のような相対度数から平均値を求めることができますか？

表 1.2.1：相対度数の例

観測値	相対度数
1	0.1
2	0.2
3	0.2
4	0.4
5	0.1
計	1.0

度数がわからないと求められないのでは？ と思うかもしれませんが，たとえば，データ B の平均値を求める式を変形してみましょう．

$$\frac{1\times 3+2\times 2+3\times 4+4\times 2+5\times 1}{12}$$

$$=1\times \frac{3}{12}+2\times \frac{2}{12}+3\times \frac{4}{12}+4\times \frac{2}{12}+5\times \frac{1}{12}$$

となり，

（平均値）＝（（観測値）×（相対度数））の合計

でも平均値を求めることができます．よって，表 1.2.1 において，度数がわからなくても相対度数から，

（平均値）＝$1\times 0.1+2\times 0.2+3\times 0.2+4\times 0.4+5\times 0.1=3.2$

と計算できます．

度数分布表から平均値を求める

データが観測値そのものではなく，度数分布表にまとめられている場合の平均値を求める方法を考えてみましょう。ここでは，階級幅が等しい度数分布表を扱います。表 1.2.2 の度数分布表は，X 組 40 人の生徒の通学時間をまとめたものです。

表 1.2.2：X 組の生徒の通学時間の度数分布表

階級（分）	度数（人）
以上　未満 0 ～ 20	2
20 ～ 40	8
40 ～ 60	14
60 ～ 80	10
80 ～ 100	6
計	40

表 1.2.3 は X 組の生徒の通学時間の平均値を求める表です。階級は幅があるので，その真ん中の値をその階級の代表値として使います。これを階級値（階級の代表値）といいます。表 1.2.3 の 2 列目が階級値です。また，最後の列は（階級値 × 度数）を計算したものです。この合計が必要で，表 1.2.3 の最後の行のように求めます。この合計を観測値の個数（度数の合計）で割ると平均値が求まります。ただし，この方法で得られるのはあくまで平均値のおおよその値であることを忘れてはいけません。また，ここでは階級幅が等しい場合を示しましたが，階級幅が異なる場合でも考え方は同じで，適切な階級値を設定して平均値を求めます。

表 1.2.3：X 組の生徒の通学時間の平均値を求める表

階級（分） 以上　未満	階級値（分）	度数（人）	階級値 × 度数
0 ～ 20	10	2	20
20 ～ 40	30	8	240
40 ～ 60	50	14	700
60 ～ 80	70	10	700
80 ～ 100	90	6	540
計		40	2200

$$（平均値）=\frac{（（階級値）×（度数））の合計}{（観測値の個数）}=\frac{2200}{40}=55（分）$$

練習 6　次の度数分布表は，Y 組 40 人の生徒の通学時間をまとめたものです。これから平均値を求めなさい。

階級（分） 以上　未満	階級値（分）	度数（人）	階級値 × 度数
10 ～ 30		3	
30 ～ 50		12	
50 ～ 70		9	
70 ～ 90		10	
90 ～ 110		6	
計			

仮平均を用いて平均値を求める

平均値の計算を楽にするアイデアを紹介します。

たとえば 100，101，102，103，104 の 5 つの値の平均値を求めることを考えます。定義どおりの平均値の計算方法ですと，すべてを足して 5 で割ります。5 つの値の合計は 510 で，これを 5 で割ると 102 になります。この例では，それぞれの値の 100 の部分は平均値を求めるうえでは本質的ではありません。そこで，それぞれの値からこの 100 を引いた残りの 0，1，2，3，4 の平均値を求めてみます。5 つの値の合計は 10 で，5 で割ると 2 です。これにはじめに引いた 100 を加えます。つまり，102 が平均値です。式で示すと次のようになります。

$$\frac{(100-100)+(101-100)+(102-100)+(103-100)+(104-100)}{5}+100$$

$$=\frac{10}{5}+100=102$$

このように，それぞれから適切な値を引くことで計算を楽にすることができます。再度，図 1.2.1 を用いて説明します。左図の黒い部分を共通のものとして扱います。そこからはみ出たグレーの部分の平均値を考えます。右図のようにグレーの部分が 2 ずつ割り振られました。先の黒い部分に

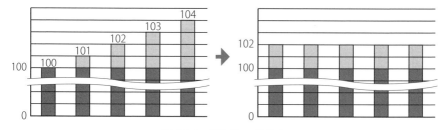

図 1.2.1：仮平均の考え方

この 2 を加えた値が求めたい平均値です。

適切な値 α をそれぞれの値から引いた値の平均値を求め、最後に α を加えて本来求めたかった平均値を出す方法を紹介しました。この α を仮平均といいます。数学的には α はいくらでもかまいませんが（証明は補足参照），統計学的にはデータから得られる情報によって決めます。この例の場合，「100 が計算を簡単にし，かつ，平均値が 100 に近いという情報」をもとに決めます。

データ X：95, 95, 100, 100, 100, 104, 104, 104, 116 の平均値を，次の表を用いて求めなさい。ただし，仮平均は 100 として考えます。

観測値	階級値－仮平均	度数	（階級値－仮平均）× 度数
95			
100			
104			
116			
計			

平均値の計算がかなり楽になったね

 仮平均を用いて平均値を求めてよいことの証明

たとえば，5 つの観測値 a, b, c, d, e の平均値を，仮平均 α を用いて求めたいとします。紹介した仮平均を用いた計算は次のようになります。

[{(観測値)-(仮平均)} の平均値]+(仮平均)

$$= \frac{(a-\alpha)+(b-\alpha)+(c-\alpha)+(d-\alpha)+(e-\alpha)}{5}+\alpha$$

これを変形します。

$$= \frac{(a-\cancel{\alpha})+(b-\cancel{\alpha})+(c-\cancel{\alpha})+(d-\cancel{\alpha})+(e-\cancel{\alpha})+\cancel{5\alpha}}{5}$$

$$= \frac{a+b+c+d+e}{5}$$

=（平均値）

定義どおりの平均値の計算式に等しいことが確認できます。

度数分布表から仮平均を用いて平均値を求める

X組40人の生徒の通学時間の度数分布表（表1.2.2）をながめると、階級値が50の階級の度数が最も大きいことがわかります。「平均値は50あたりにあるのではないか」と予想できるので、仮平均を50として計算してみましょう。表1.2.4を利用して計算すると、（平均値）$=\frac{200}{40}+50=55$（分）となります。

表1.2.4：X組の生徒の通学時間の平均値を求める表（仮平均を用いる場合）

階級 (分)	階級値 (分)	階級値－仮平均	度数 (人)	（階級値－仮平均） × 度数
以上　未満 0 ～ 20	10	-40	2	-80
20 ～ 40	30	-20	8	-160
40 ～ 60	50	0	14	0
60 ～ 80	70	20	10	200
80 ～ 100	90	40	6	240
計			40	200

練習 8　次の Z 組 30 人の生徒の通学時間の度数分布表から，通学時間の平均値を求めなさい。

階級 （分）	階級値 （分）	階級値－仮平均	度数 （人）	（階級値－仮平均） × 度数
以上　未満 10 ～ 30			3	
30 ～ 50			10	
50 ～ 70			5	
70 ～ 90			5	
90 ～ 110			7	
計			30	

2. 中央値

日本では平均値のみを用いて議論することが多いです。しかし，平均値以外にも有効な代表値があり，いくつかを併用することでより正しい解釈ができます。本項では中央値を，次項では最頻値を説明します。

まずは 2 つの事例を見てみましょう。

事例 1　平均年収を見て会社を選んだのに，自分の年収は低かった

A 会社の平均年収は 500 万円，B 会社の平均年収は 400 万円でした。会社選びの基準として平均年収を重要視した X 君は，2 社の平均年収から，A 会社を選びました。ところが就職後，X 君はその年収が原因でとても後悔することになったといいます。

なぜでしょうか。

平均値だけでは判断できないんだね

事例 2 平均点以上をとったのに，クラスの上位半分に入れなかった

Y 君は，おうちの人と次のような約束をしました。

「次の小テストでクラスの上位（真ん中より上）に入ったら，今月のお小遣いを 500 円増額するよ。」

Y 君のクラスの小テストの平均点は 6.5 点で，Y 君の得点は 7 点でしたが，お小遣いは増額されませんでした。

なぜでしょうか。

事例 1 の解説

たとえば，社員 10 人の A 会社と B 会社があり，それぞれの社員の年収が次のようだったとします。

A 会社（単位・万円）　平均値 500

　社員① 295　社員② 320　社員③ 270　社員④ 310　社員⑤ 305
　社員⑥ 360　社員⑦ 280　社員⑧ 310　社員⑨ 250　社員⑩ 2300

B 会社（単位・万円）　平均値 400

　社員① 400　社員② 420　社員③ 410　社員④ 370　社員⑤ 400
　社員⑥ 395　社員⑦ 400　社員⑧ 390　社員⑨ 410　社員⑩ 405

B 会社では全員の年収が 400 万円前後だったのですが，A 会社では 400 万円以上の年収だったのは社員⑩だけということです。つまり，A 会社の平均年収は，社員⑩の 2300 万円に引っ張られていたのです。この人は A 会社の社長だったのかもしれません。このように，平均値は，観測値のなかに他の観測値と比較して，極端に大きい値や小さい値が 1 つでもあると，それに大きく影響を受けてしまうという性質があります。平均値を用いて考察するときは，このことに注意しなければなりません。

観測値のうち，他の観測値と比較して，極端に大きい値や小さい値のこ

とを外れ値といいます。外れ値の中には測定ミスや記入ミスなどのように原因がわかる場合があり，これを異常値ということもあります。異常値は，その値を修正したり省いたりするなどの処置をします。

事例 2 の解説

たとえば，Y 君のクラスは 13 人で，それぞれの得点は次のようだったとします。

8, 2, 5, 9, 3, 7, 8, 9, 9, 4, 10, 1, 10 （平均値 $= \dfrac{85}{13} \fallingdotseq 6.5$）

確かに，平均値は 6.5 です。わかりやすいように，観測値を小さい順に並べてみましょう。

表 1.2.5：事例 2 の解説

カウント用	①	②	③	④	⑤	⑥	⑦	⑧	⑨	⑩	⑪	⑫	⑬
得点	1	2	3	4	5	7	8	8	9	9	9	10	10

↑ ↑
Y 君　真ん中の値

これからわかるように，Y 君は 13 人中，上から 8 番目（下から 6 番目）で，上位半分に入っていません。このデータについて，Y 君を●，その他の人を○で表すとドットプロットは図 1.2.2 のようになります。このような分布を左に裾をひいた分布といいます。平均値が低い得点に引っ張られ，真ん中の値よりも小さい値になります。また，小さな値の方に多くの観測値があり，大きな値が少ない場合は，右に裾をひいた分布といいます。

「平均値というのは，いつもおおよそ真ん中の値を示す」と勘違いしている人がいます。【事例 1】のようにデータの中に極端に外れた値があったり，【事例 2】のように左に裾をひいた分布になっていたりする場合は，平均値はその影響を受けてしまうので，おおよそ真ん中の値を示しません。これらの例では，平均値を代表値とすることも適切ではありません。

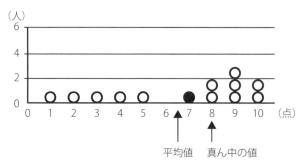

図 1.2.2：左に裾をひいた分布

このような場合，平均値の他に理解しておくとよい値がいくつかあり，ここでは，中央値（中位数，メジアン）を説明します。

中央値は，得られた観測値を大きさの順に並べたとき，その真ん中の値をいいます。観測値の個数が偶数のときは，中央にある2つの値の平均値を中央値とします。

先の【事例1】と【事例2】について考えてみましょう。

事例1：A会社の社員の年収の中央値は低いほうから5番目と6番目の社員（⑤と④または⑧）の平均値で（305＋310)/2＝307.5（円）です。一方，B会社の社員の年収の中央値は（400＋400)/2＝400（円）です。これから，A社よりB社のほうが中央値が大きいことがわかります。

事例2：得点の中央値は8点です。これから，Y君が上位半分に入らなかったことがわかります。

中央値は，分布がどのような形でも真ん中の値なのでわかりやすいです。また，端にある大きな値が変化しても，中央値は変化しません。たとえば【事例1】のA会社の社員⑩の年収2300万円が800万円になったとします。

平均値は 500 万円 → 350 万円と大きく影響を受けますが，中央値はまったく変わりません。

このように，平均値は外れ値の影響を受けやすいですが，中央値はその影響を受けにくいです。これを「**ロバスト性（頑健性）がある**」といいます。このことをまとめると次のようになります。

> （**平均値**）は外れ値に対するロバスト性はない。
> （**中央値**）は外れ値に対するロバスト性がある。

例題 1 次のデータの中央値を求めなさい。

(1) 3, 3, 4, 4, 5, 8, 22　　(2) 1, 3, 4, 5, 7, 9

解答

(1) 4　　　　　　　　　　(2) $\dfrac{4+5}{2} = 4.5$

 中央値がとても役立つ例

中央値を求めるときは観測値の並べ替えが必要で，観測値が多い場合は面倒です。しかし，観測値が小さい順に観察されるようなときはとても便利です。たとえば，電球の寿命のようなデータの観測値は，寿命が尽きた順（値の小さい順）に観察されます。つまり，「寿命＝使用できなくなった時間」を記録していくので，実験対象の半数の寿命が尽きたとき，その時間が中央値です。残りの半数の寿命を調べる必要はありません。

練習 9 ある学校の35人のクラスでは，文化祭の展示に使う花をたくさん作ることになりました。仕事の割り振りをするために，1本の花を作るのにかかる1人あたりの作業時間（分）の平均値と中央値を考えることにしました。ただし，1人あたりの作業時間の分布は図1.2.3のように左右対称であることがわかっているとします。
もちろんいっせいに始めて全員終わるまで作業をし，各人のかかった作業時間を記録して計算すればよいのですが，全員が終わるのを待たずに半数の生徒の作業が終わった段階でこれらの値を求めるにはどのようにすればよいでしょうか。

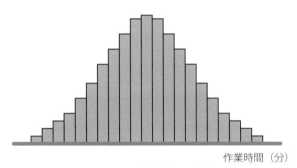

図1.2.3：左右対称の分布

3. 最頻値

前項で扱った【事例2】の成績のデータをみると，9点の生徒の度数が最も大きく，3人であることがわかります。

一般に，度数の最も大きい値のことを最頻値（モード）といいます。つまり，【事例2】の最頻値は9点です。ここまでに学んだ代表値—平均値，中央値，最頻値を示すと図1.2.4のようになります。左右対称の場合はこれら3つの値は同じですが，【事例2】のように裾をひいている分布では，これらの値は異なります。そのため，それぞれの特徴を理解して使い分け

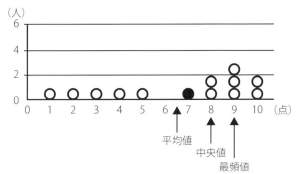

図 1.2.4：平均値，中央値，最頻値の位置

る必要があります。

特に，最頻値については注意が必要です。【事例 2】では，簡単に説明するため観測値を 13 個（データサイズ 13）にしましたが，最頻値はデータサイズが十分に大きくないとあまり意味がありません。【事例 2】のように，データサイズが小さいとき，9 点の生徒の 1 人がもし 8 点であったなら，最頻値が 8 点になり，たった 1 人の結果次第で値が変わってしまうからです。

また，山が 2 つ以上ある場合についても取り扱いに注意がいります。複数の特徴のあるグループが混在していることもあるので，度数が最も大きいからといって，最頻値がデータの特徴を表しているといえないことがあります。

事例 3　ねらうべきは平均値か最頻値か

あるレコード会社から歌手をデビューさせることになりました。宣伝を担当した A さんは，ねらいとする年齢層を定めるために，「買いたいと思っている人たちの年齢の平均値を計算して，その平均値が含まれる層にねらいを定めればよい」と考えました。この考えについて，表 1.2.6 の度数分布表を用いて考察してみましょう。

表 1.2.6：購入年齢の度数分布表

階級（歳）	度数（人）
以上　未満	
15 〜 25	3
25 〜 35	4
35 〜 45	22
45 〜 55	5
55 〜 65	6
65 〜 75	10
計	50

⇒ 20× 3 ＝ 60
⇒ 30× 4 ＝120
⇒ 40×22＝880
⇒ 50× 5 ＝250
⇒ 60× 6 ＝360
⇒ 70×10＝700
計 2370÷50＝47.4…年齢の平均値

　まず，度数分布表から平均値を計算してみました。その結果，ねらう年齢層は 45 歳から 55 歳となりました。ところが，この階級の度数は少ないので，多くの売上げは見込めないでしょう。どうすればよいでしょうか？
　このような場合，平均値が含まれる年齢層ではなく，最も大きい度数である 35 歳から 45 歳の年齢層にねらいを定めた方がよいでしょう。
　データが度数分布表にまとめられている場合，度数が最も大きい階級の階級値を最頻値とします。【事例 3】の度数分布表から得られる最頻値は，(35＋45)÷2＝40 より 40 歳となります。

練習 10　次のデータは，ここ 1 年で読んだ本の冊数を，あるクラスの生徒 10 人に聞いたものです。観測値は，小さい順に並べてあります。下の (1)〜(4) の値を求めなさい。

　　3, 4, 4, 4, 4, 5, 5, 6, 7, 28
（1）範囲　　（2）平均値　　（3）中央値　　（4）最頻値

練習11 次のデータについて，下の（1）〜（4）の値を求めなさい。また（5）について考察しなさい。

1，2，3，3，4，4，5，5，5，5，5，6

(1) 範囲　(2) 平均値　(3) 中央値　(4) 最頻値

(5) このデータに観測値4が加わりました。この新たなデータの平均値，中央値を求めなさい。

練習12 次のような2つのデータがあります。下の①〜④のうち，示された2つの値が異なるものをすべて選びなさい。

データX：1，1，1，1，1，2，2，2，3，4，5

データY：1，1，1，1，1，2，2，2，3，4，50

① Xの平均値とYの平均値　　② Xの範囲とYの範囲

③ Xの中央値とYの中央値　　④ Xの最頻値とYの最頻値

練習13 次のヒストグラムは，ある試験の成績分布を表したものです。受験者18人の平均点は40点でした。下の（1），（2）の値を求めなさい。また（3）について考察しなさい。

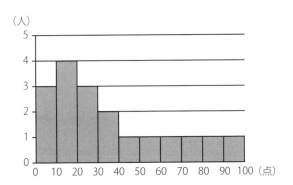

(1) 最頻値　　(2) 中央値を含む階級の階級値

(3) 最頻値，中央値，平均値の大小関係を示しなさい。

練習 14 次の表は，都道府県別のうどんの1人あたりの生産量（g）を小さい順に記したものです。このデータの代表値として平均値を採用すると2407gとなりますが，2407gより生産量の多い県は7県です。この平均値は実感からかけ離れた数値で，適切な代表値ではないように思えます。
そう感じるのはなぜでしょうか。またこのような場合，代表値としてふさわしいものは何でしょうか。

鹿児島	鳥取	沖縄	宮崎	福井	長崎	大分	大坂	千葉	高知
111	182	185	211	220	342	420	430	457	489
東京	石川	佐賀	島根	神奈川	秋田	広島	山形	栃木	長野
535	654	714	719	725	820	820	829	927	936
茨城	岡山	兵庫	青森	福岡	北海道	愛知	三重	徳島	京都
1000	1147	1189	1250	1267	1374	1429	1451	1468	1500
愛媛	岐阜	静岡	山梨	滋賀	宮城	和歌山	岩手	新潟	福島
1509	1616	1619	1658	1673	1956	2200	2298	2361	2381
熊本	富山	山口	埼玉	奈良	群馬	香川			
2483	2589	2841	3392	4316	7165	47277			

出典　農林水産省「平成21年米麦加工食品生産動態等統計調査」および総務省統計局「平成22年国勢調査結果」

次の表は、ある中学のクラス40人の立ち幅跳びの記録を整理したものです。下の問に答えなさい。

階級 (cm)	階級値 (cm)	階級値－仮平均	度数 (人)	(階級値－仮平均) × 度数
以上　未満 120 ～ 140			1	
140 ～ 160				－120
160 ～ 180				0
180 ～ 200			12	
200 ～ 220			5	
計			40	

(1) はじめに階級値の空欄をうめなさい。次に、仮平均の値を求め、その他の空欄をうめなさい。

(2) 平均値を求めなさい。

(3) 最頻値を求めなさい。

(4) 中央値を含む階級を求めなさい。

(階級値－仮平均)×度数
が0となるところから
仮平均は求められるね

練習16 次の表は,あるクラス36人の立ち幅跳びの記録を整理したものです。下の問に答えなさい。

階級 (cm)	階級値 (cm)	階級値－仮平均	度数 (人)	（階級値－仮平均） ×度数
以上　未満 100～120			1	
120～140	㋐	㋑	3	㋓
140～160			6	
160～180			12	0
180～200			9	
200～220			㋒	
計			36	㋔

(1) 中央値を含む階級を求めなさい。

(2) 最頻値を求めなさい。

(3) この表で用いている仮平均の値を求めなさい。

(4) 140cm以上160cm未満の階級の相対度数を,小数第3位を四捨五入して求めなさい。

(5) ㋐から㋔にあてはまる値を求めなさい。

(6) 平均値を,小数第2位を四捨五入して求めなさい。

代表値についてわかったかな？
次は,データの分布を知る
『散らばり』
について学ぶよ！！

正しく平均値を調べていますか？？

　Aさんはある地域の1世帯当たりの子どもの数の平均値を調べることになりました。そこでAさんは，その地域の子どもたちに自分を含めた兄弟姉妹の数を尋ね平均値を求めました。それを見ていたBさんは，そのやり方は間違いであると指摘しました。何が間違っているのでしょうか？

　世帯数1000のある地域で，子どものいる世帯主（親）に子どもの数を尋ねたところ表1.2.7のようになったとします。このとき，子どもたちに自分を含めた兄弟姉妹の数を尋ねると表1.2.8の値が計算できます。これらから，親に尋ねたときの子どもの平均値は2.25人で，子どもに尋ねたときの兄弟姉妹の平均値は2.69人になります。どちらの値が正しいでしょうか？

表1.2.7：親に尋ねた子どもの数

子どもの数	世帯	割合
1人	200	20%
2人	500	50%
3人	200	20%
4人	50	5%
5人	50	5%
計	1000	100%

表1.2.8：子どもに尋ねた兄弟姉妹の数

兄弟姉妹の数	子ども	割合
1人	200	9%
2人	1000	44%
3人	600	27%
4人	200	9%
5人	250	11%
計	2250	100%

　平均値を求めるには，調査対象に1回ずつ数値を尋ねなければなりません。子どものいる1世帯当たりの子どもの数の平均値を知りたいのなら，対象は子供のいる世帯です。1世帯から代表となる者，たとえば世帯主や一番上の子が回答するのが正しいことになります。世帯にいる子どももすべてに聞くと，一人っ子以外の世帯が複数回尋ねられることになるので，平均値は正しい値より大きくなってしまいます。

　同様に，家族の数，会社の社員数，学校の学生数などを一般の人（構成員）に聞いてその平均値をとってはいけません。それぞれ世帯主，社長，学長に聞いて平均値をとりましょう。この間違いは実際によく見られます。

3 四分位数と箱ひげ図

　10 人ずつの生徒がいる 2 つのクラスで数学の試験をしました。この成績を出席番号順に並べると表 1.3.1 のようになりました。2 つのクラスには明らかに違いがあります。この違いを示すよい方法を考えましょう。

表 1.3.1：2 クラスの成績（出席番号順）

X 組	7	8	10	6	9	9	8	7	10	6
Y 組	10	9	8	9	8	3	8	9	8	8

1. 四分位数

　まずは，2 節で説明した代表値について順に見てみましょう。
　平均値は

$$\text{X 組}: \frac{7+8+10+6+9+9+8+7+10+6}{10} = \frac{80}{10} = 8$$

$$\text{Y 組}: \frac{10+9+8+9+8+3+8+9+8+8}{10} = \frac{80}{10} = 8$$

です。平均値に差はありません。
　中央値を求めるには，表 1.3.2 のように観測値を小さい順に並べ替える必要があります。

表 1.3.2：2 クラスの成績（成績順）

											中央値
X組	6	6	7	7	8	8	9	9	10	10	8
Y組	3	8	8	8	8	8	9	9	9	10	8

中央値もともに 8 となり，差はありません。

データサイズが小さいときに最頻値を用いることはふさわしくないのですが，参考として記すと，Y 組は 8 です。しかし，X 組のような分布では最頻値を考えることはできません。

このように，代表値だけではデータ全体の様子を把握するのには不十分です。2 つのクラスの明らかな違いについて別の視点から考えてみましょう。まずは，最小値が異なることがわかります。最大値は同じです。X 組では，6 以上の値が 2 つずつ現れています。一方，Y 組では，3 以外の点数が 8 以上であることなどがみてとれます。統計学では，代表値に加えて分布の広がり，つまり散らばりの程度も調べることが重要です。

散らばりの程度を測る指標の一つに 1 節で説明した範囲があります。本節では，範囲に加えて四分位範囲を説明します。他に 4 節で紹介する分散や標準偏差も重要です。

範囲は散らばりの程度をわかりやすく表す指標でした。それぞれの範囲は，

$$X 組：10-6=4 \qquad Y 組：10-3=7$$

となり，Y 組の成績の範囲の値の方が大きく，Y 組の成績の方が X 組の成績より散らばっているかのような印象を受けます。実際は，Y 組の 1 人が 3 という外れ値であり，この値に引っぱられています。そこでデータの散らばりの程度を表す別の指標を用意します。

中央値を求めたときと同じように観測値を小さい順に並べます。図 1.3.1 のように観測値を 4 等分します。このとき，境界となる 3 つの値●を四分位数といいます。四分位数は小さい方から第 1 四分位数，第 2 四分位数（中央値），第 3 四分位数といい Q_1，Q_2，Q_3 で表します。

図 1.3.1：四分位範囲の考え方

データサイズが十分大きいときは，Q_1，Q_2，Q_3 は観測値の小さい方からそれぞれ約 25%，約 50%，約 75% の位置に対応する値と考えることができ，さらに，Q_1 から Q_3 までの範囲に観測値の約 50% が入っているといえます。$Q_3 - Q_1$ を散らばりの程度を表す指標と考えることができ，これを四分位範囲といいます。先の例のように，範囲は外れ値の影響を受けやすいですが，四分位範囲は外れ値の影響を受けることがほとんどない，散らばりの程度を表す指標となっています。

表 1.3.3 を参考にして，X 組と Y 組の四分位範囲の求め方を説明します。まず，第 2 四分位数である中央値は 5 番目と 6 番目の値の平均値で 8 です。下半分の 5 つの観測値の真ん中の値が第 1 四分位数で，上半分の 5 つの観測値の真ん中の値が第 3 四分位数です。これらから，四分位範囲は

$$X 組：9-7=2 \qquad Y 組 9-8=1$$

となり，中央値の周りの分布の様子を反映したものとなっています。

表 1.3.3：2 クラスの成績（成績順）

X 組	6	6	7	7	8	8	9	9	10	10
Y 組	3	8	8	8	8	8	9	9	9	10

↑ Q_1　　↑ Q_2　　↑ Q_3

　この例は，観測値の個数（データサイズ）が偶数でしたが，奇数の場合は中央値がちょうど真ん中の数値になります。下半分の観測値や上半分の観測値はこの中央値を省いて考えます。下半分，上半分の中央値をさらに求めると，それぞれが第 1 四分位数，第 3 四分位数になります。

例題 1 次のデータの四分位数と四分位範囲を求めなさい。
（数えやすいように＿＿＿を引いています）

(1) 0, 1, 2, 3, 4, 5, 6, 7, 8, 9, 10
(2) 1, 2, 3, 4, 5, 6, 7, 8

解答

観測値の個数が奇数のときは，中央値を除いて Q_1, Q_3 を求めます。

(1) 四分位数は $Q_1=2$, $Q_2=5$, $Q_3=8$，四分位範囲は $Q_3-Q_1=8-2=6$

(2) 四分位数は，$Q_1=\dfrac{2+3}{2}=2.5$, $Q_2=\dfrac{4+5}{2}=4.5$, $Q_3=\dfrac{6+7}{2}=6.5$，四分位範囲は $Q_3-Q_1=6.5-2.5=4$

練習 17 次のデータの四分位数と四分位範囲を求めなさい。

(1) 6, 7, 7, 7, 8, 8, 8, 9, 10
(2) 1, 1, 3, 4, 5, 7, 7, 8, 9, 10

四分位数の定義

　四分位数の決め方はいろいろあります。本書では中学校や高校で使う教科書（文部科学省の検定済教科書）に従って波線のように定義しました。しかし，観測値の個数が奇数の場合，中央値を含めて下半分，上半分の中央値をそれぞれ第 1 四分位数，第 3 四分位数とする定義もあります。さらに，Excel の関数（QUARTILE）はこれらとも違った決め方をしています。データサイズが十分大きければこのズレは無視できますから，あまり神経質にならなくてもよいです。

 ## 2．五数要約と箱ひげ図

　最小値，四分位数（Q_1，Q_2，Q_3），最大値の 5 つの値を用いて，データの散らばりの程度を表すことを五数要約といいます。これを視覚化したものが箱ひげ図です。

　箱ひげ図の描き方を【練習 17】(2)のデータを利用して説明します。データは，1，1，3，4，5，7，7，8，9，10 で，最小値＝1，第 1 四分位数＝3，第 2 四分位数＝6，第 3 四分位数＝8，最大値＝10 です。数直線上にこれらの点を取ります。第 1 四分位数，第 2 四分位数，第 3 四分位数を用いて箱を描きます．箱の左端から最小値までと，右端から最大値までを線で結びます。これがひげのように見えるので，箱ひげ図といいます。【練習 17】(2)の箱ひげ図は図 1.3.2 のようになります。

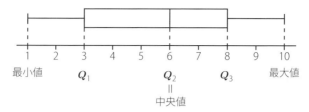

図 1.3.2　箱ひげ図の描き方

データサイズが十分大きいとき，4 つの区間「最小値〜Q_1」「Q_1〜Q_2」「Q_2〜Q_3」「Q_3〜最大値」には，観測値が約 25％ずつ含まれます。このことから，幅の狭い区間には観測値が高密度に分布していることが読み取れます。区間が広い方が多くの観測値が含まれているように勘違いすることがありますので注意しましょう。

最大値と最小値は外れ値の影響を受けやすいですが，四分位数（Q_1, Q_2, Q_3）はその影響を受けにくいことは先に述べました。このことをまとめると次のようになります。

> （範囲）は外れ値に対するロバスト性はない。
> （四分位範囲）は外れ値に対するロバスト性がある。

五数要約は観測値を小さい順に並べることを用いて示すため，平均値は五数要約に含まれません。しかし，必要に応じて平均値も箱ひげ図の中に記すことがあります。そのときは図 1.3.3 のように平均値を＋で表します。

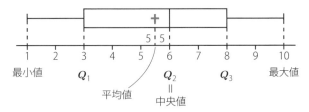

図 1.3.3：箱ひげ図の描き方（平均値を示す方法）

　五数要約が有効な指標となるのはデータサイズが比較的大きいときです。しかし，データサイズが大きくなると，観測値を小さい順に並べるのに時間がかかります。現実的には，表計算ソフトウェアや統計解析用ソフトウェアを用います。五数要約を示すオプションがある場合は利用してみましょう。分布のイメージがわかり，大変役に立ちます。

練習 18　次のそれぞれのデータの四分位数（Q_1，Q_2，Q_3）を求めなさい。ただし，(4) については，箱ひげ図も描きなさい。

(1) 1, 2, 3, 4, 5, 6, 7
(2) 1, 2, 3, 4, 5, 6, 7, 8
(3) 1, 2, 3, 4, 5, 6, 7, 8, 9
(4) 1, 2, 3, 4, 5, 6, 7, 8, 9, 10

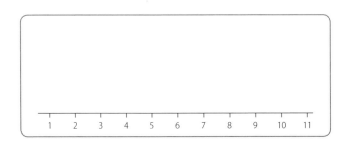

練習19 次の2つのデータの範囲，平均値，四分位数，四分位範囲を求めなさい。

データA：1，3，5，7，9，11，13
データB：1，3，5，7，9，11，13，87

練習20 次の箱ひげ図は，ある地域の中学生を対象に，特定の1日の勉強時間を調査し，得られた結果をまとめたものです。この調査における中学生の勉強時間の記述として正しいものを下から選びなさい。

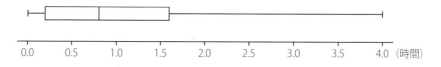

① 平均値は 0.8 時間である。

② 0.5 時間以上の割合は，50%以上である。

③ 2 時間以上の割合は，0.5 時間以下よりも多い。

④ 0.5 時間以上 1.5 時間以下の割合は 50%以上である。

練習21 次の箱ひげ図は，ある中学3年生280人に対して行った数学と英語の試験の結果をまとめたものです。この試験の結果の記述として正しいものを選びなさい。

① 数学では 20 点以下の生徒がいる。

② 英語で 70 点以上 80 点以下の生徒は 70 人以上いる。

③ 2 科目合計で 180 点以上の生徒がいる。

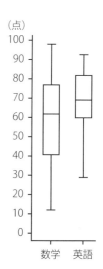

3. ヒストグラムと箱ひげ図

　データの様子を図示する方法としてヒストグラムと箱ひげ図を学びました。どちらを利用してデータの特徴を解釈するかはその目的によりますが，これら2つの対応を正しく理解しておく必要があります。先に述べたように，箱ひげ図は長さが短いところに観測値が多くあります。このことに注意しながら2つの関係を考えましょう。また，多くのデータを見ることが重要なので，多くの練習問題を準備しました。積極的に解いてください。

　次のデータは，2つの池 X，Y で釣った魚の体長を記録したものです。

X 池で釣った魚の体長データ
5.7，6.8，7.1，7.4，7.6
8.2，8.4，8.7，9.3，9.8

Y 池で釣った魚の体長データ
4.7，5.2，6.4，7.2，8.3
8.7，9.5，9.6，9.6，9.8

　はじめに，これらのデータから度数分布表を作成し，それぞれのヒストグラムを描きます。また，これらのデータから最小値，四分位数，最大値を求め，それぞれの箱ひげ図を描きます。できあがったヒストグラムと箱ひげ図からこれらの対応を考えましょう。

X 池の度数分布表

体長（cm）	度数（尾）
以上　未満	
5〜6	1
6〜7	1
7〜8	3
8〜9	3
9〜10	2
計	10

Y 池の度数分布表

体長（cm）	度数（尾）
以上　未満	
4〜5	1
5〜6	1
6〜7	1
7〜8	1
8〜9	2
9〜10	4
計	10

X 池のヒストグラム　　　　　Y 池のヒストグラム

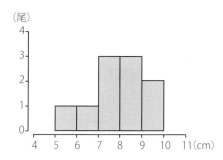
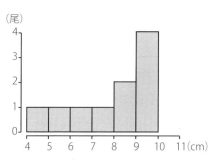

X 池の箱ひげ図

最小値＝5.7，Q_1＝7.1，Q_2＝7.9，Q_3＝8.7，最大値＝9.8

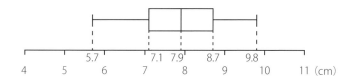

Y 池の箱ひげ図

最小値＝4.7，Q_1＝6.4，Q_2＝8.5，Q_3＝9.6，最大値＝9.8

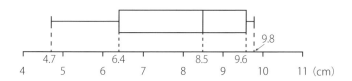

　X 池で釣った魚の体長のヒストグラムはおおよそ左右対称です。このことは箱ひげ図からもわかります。Y 池で釣った魚の体長のヒストグラムは左に裾をひいています。これに対応する箱ひげ図を見ると箱の左側や左のひげが長いことがわかります。

箱ひげ図の良さ

　箱ひげ図の良さは，複数のデータの分布を一目で比較できることです。図 1.3.4 のヒストグラムは，全国の中 1 から高 3 までの男子の身長の分布を表したものです。ヒストグラムを並べただけでは比較しにくいです。（参考資料：文部科学省「学校保健統計調査」）

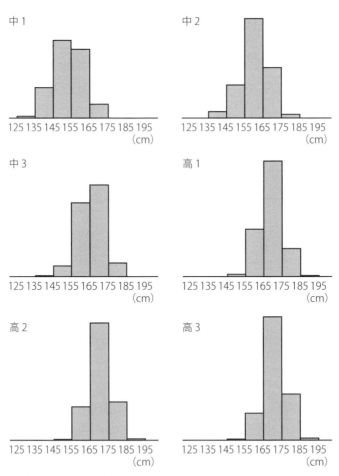

図1.3.4：全国の中 1 から高 3 までの男子の身長の分布（ヒストグラム）

一方,同じデータを箱ひげ図を並べて表したところ図 1.3.5 のようになりました。ヒストグラムを並べたものより比較しやすいことがわかります。この図から,中央値が学年が上がるにしたがって大きくなっていること(身長が高くなっていること)がわかります。また,四分位範囲が小さくなる傾向も読み取れます。

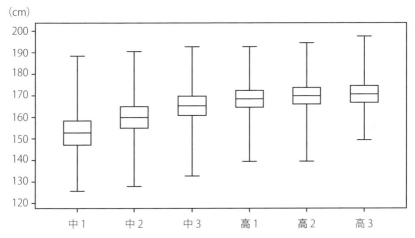

図 1.3.5：全国の中 1 から高 3 までの男子の身長の分布（箱ひげ図）

箱ひげ図は並べて比較すると良さがわかるんだね

練習 22 3つのデータ A, B, C のヒストグラムが次のようになりました。さらに，この3つのデータの箱ひげ図①〜③を作成したところ，どのデータのものかわからなくなってしまいました。データ A〜C にそれぞれ対応する箱ひげ図を①〜③の中から1つずつ選びなさい。

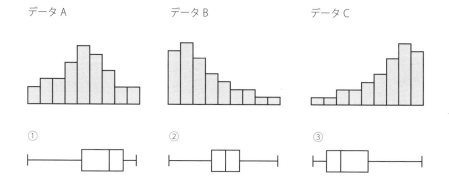

練習 23 データサイズは十分に大きく，各階級において両端の値に偏ることなく分布しているデータがあります。このデータをもとに作成した箱ひげ図は次のようになりました。この箱ひげ図に対応するヒストグラムとして A〜C の中から最も適切なものを1つ選びなさい。

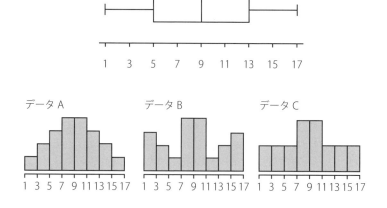

練習 24 AからEの5つの会社に，長さ70mmの棒の製造を依頼しました。それぞれの会社から100個ずつ納品され，それらの長さは次のような箱ひげ図で表されました。70.00mmから70.05mmまでのものを合格品とすると，合格品が50個以上あるといえる会社をすべて答えなさい。

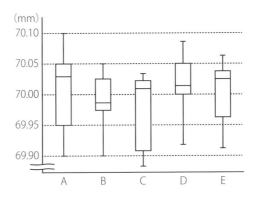

練習 25 次の箱ひげ図は，アメリカのある高校の男女別のSAT（大学進学適性試験）の数学の得点である。男女を合わせたデータの箱ひげ図として考えられるものを下のA～Dの中から1つ選びなさい。

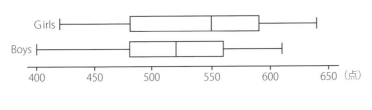

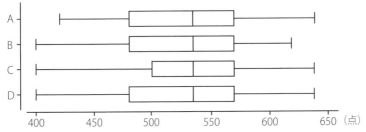

あるクラスの生徒 40 人について，ハンドボール投げの飛距離を測り，記録しました。次のヒストグラムは，このクラスで最初に取った記録のデータをもとに作成したものです。

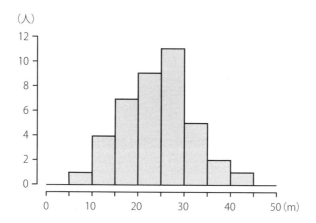

（1）このデータに対応する箱ひげ図として考えられるものを A～E の中から 1 つ選びなさい。

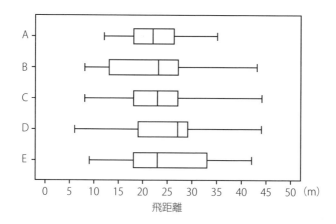

（2）後日，同じクラスでもう一度，ハンドボール投げの記録を取りました。最初に取った記録から今回の記録への変化を分析したところ，A～Cのいずれかの結果が得られたとします。

　　A：どの生徒の記録も下がった　　B：どの生徒の記録も伸びた

　　C：最初に取った記録で上位$\frac{1}{3}$に入るすべての生徒の記録が伸びた

①～③のうち，分析結果と今回の記録の箱ひげ図の組合せとして考えられるものを答えなさい。

　　　　　　① A-a　　② B-b　　③ C-c

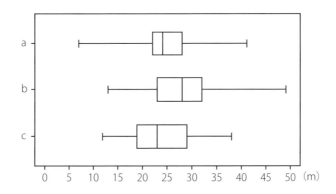

箱ひげ図は便利だね
次は，散らばりの程度を表す
指標が出てくるよ

箱ひげ図→ヒストグラム→データの復元はできません！

データ，ヒストグラム，箱ひげ図の関係を考えてみましょう。

$$\boxed{データ} \;\to\; \boxed{ヒストグラム}$$

$$\boxed{データ} \;\to\; \boxed{箱ひげ図}$$

が作成できることはここまで見てきました。ヒストグラムの階級値を用いれば

$$\boxed{ヒストグラム} \;\to\; \boxed{箱ひげ図}$$

も作成できますが，この箱ひげ図は正確なものではありません。

これらの流れは，

$$\boxed{データ} \;\to\; \boxed{ヒストグラム} \;\to\; \boxed{箱ひげ図}$$

の順に情報量が少なくなっているといえます。そのため，この逆，

$$\boxed{箱ひげ図} \;\to\; \boxed{ヒストグラム} \;\to\; \boxed{データ}$$

をたどることはできません。特に，箱ひげ図からヒストグラムやデータを再生することは不可能といってもかまいません。つまり，同じような箱ひげ図に対していろいろな分布のデータが考えられるからです。たとえば表1.3.4のデータA，Bから箱ひげ図を描くと，どちらも図1.3.6のような箱ひげ図になります。一方で，ヒストグラムはそれぞれ図1.3.6の下のAやBのように異なります。このような例はいくらでもあります。

表 1.3.4：箱ひげ図が同じになるデータ

A	2.00, 4.00, 4.00, 5.00, 5.00, 5.00, 8.00, 8.00, 8.00, 8.00, 10.00, 10.00, 10.00, 10.00, 12.99, 12.99, 12.99, 14.00, 14.00, 16.00
B	2.00, 2.00, 2.00, 4.00, 4.00, 6.00, 8.00, 8.00, 8.00, 8.00, 10.00, 10.00, 10.00, 10.00, 12.00, 14.00, 14.00, 16.00, 16.00, 16.00

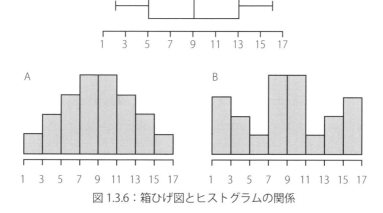

図 1.3.6：箱ひげ図とヒストグラムの関係

さらに，箱ひげ図が図 1.3.6 と同じで，ヒストグラムが C になるようなデータ C を作ってみましょう。

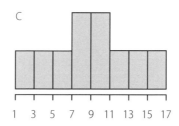

C	2.00, 2.00, 4.00, 4.00, 5.00, 5.00, 8.00, 8.00, 8.00, 8.00, 10.00, 10.00, 10.00, 10.00, 12.99, 12.99, 14.00, 14.00, 16.00, 16.00

などを作ることができます。

4 分散と標準偏差

　データの散らばりの程度を表す指標である四分位範囲は第1四分位数と第3四分位数を用いて求めました。また，五数要約は最小値，第1四分位数，第2四分位数，第3四分位数，最大値を用いて表しました。さらに，五数要約から作成する箱ひげ図はとても有効なものでした。データサイズが小さいとき，これらは比較的簡単に作成できますが，前節で述べたようにデータサイズが大きいとき，観測値の並べ替えは時間を要します。ここでは，別の散らばりの程度を表す指標を考えてみましょう。

1. 分散と標準偏差

　これから扱うデータの散らばりの程度を表す指標では，平均値が重要な役割を果たします。つまり，
　「データが，平均値を中心として，どの程度散らばっているのか？」
という考え方を基本とします。まず，各観測値について，平均値からの離れ具合である偏差を次の式で定義します。

定　義

$$（偏差）=（観測値）-（平均値）$$

　例として，観測値が10個（データサイズ10）である次のデータで考えてみましょう。

$$1,\ 2,\ 4,\ 5,\ 6,\ 7,\ 8,\ 8,\ 9,\ 10$$

$$（平均値）=\frac{1+2+4+5+6+7+8+8+9+10}{10}=\frac{60}{10}=6$$

です。偏差はそれぞれ，観測値から平均値 6 を引いて，

$$-5,\ -4,\ -2,\ -1,\ 0,\ 1,\ 2,\ 2,\ 3,\ 4$$

となります。ここで，偏差の和を考えてみます。

$$（偏差の和）=(-5)+(-4)+(-2)+(-1)+0+1+2+2+3+4=0$$

です。書き方を変えますと，

$$\begin{aligned}（偏差の和）&=(1-6)+(2-6)+(4-6)+(5-6)+(7-6)+(8-6)+(8-6)+(9-8)+(10-6)\\&=(1+2+4+5+6+7+8+8+9+10)-(10\times 6)=60-60=0\end{aligned}$$

となり，どのような場合でも偏差の和は必ず 0 になります。つまり，偏差の和を散らばりの程度を表す指標として利用することはできません。

さらに，偏差の和を可視化してみましょう（図 1.4.1）。これからわかるように，＋の偏差と−の偏差は打ち消しあっています。

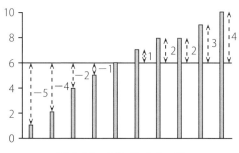

図 1.4.1：偏差のイメージ

そこでこの打ち消しあいを避けるため，偏差をそれぞれ 2 乗（平方）したものを利用します。つまり，＋3 離れていても，－3 離れていても 2 乗することでどちらも $(+3)^2=(-3)^2=9$ 離れていることになります。

先の例の偏差の 2 乗（平方）はそれぞれ，

$$25,\ 16,\ 4,\ 1,\ 0,\ 1,\ 4,\ 4,\ 9,\ 16$$

となります。これらの和を偏差平方和といいます。実際に計算すると，

$$（偏差平方和）＝25＋16＋4＋1＋0＋1＋4＋4＋9＋16＝80$$

となります。

この数値は，データの散らばりの程度を 1 つの数値で表しているといえますが，観測値の個数の影響をまともに受けてしまいます。観測値の個数が多ければ単純にその分，値が大きくなります。そこで偏差平方和を観測値の個数で割って利用します。すなわち，偏差の平方の平均値を考えます。この値を分散といいます。

定　義

$$（分散）＝\frac{（偏差平方和）}{（観測値の個数）}$$

先の例では，

$$（分散）＝\frac{80}{10}＝8$$

となります。図 1.4.2 は偏差平方を可視化したものです。それぞれの正方形の面積が各観測値に対する偏差平方です。分散は，これらの平均値です。

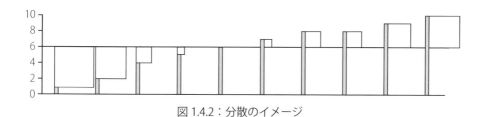

図 1.4.2：分散のイメージ

それでは，ここまでの内容を 1 つの式で表してみましょう．

$$（分散）=\frac{(25+16+4+1+0+1+4+4+9+16)}{10}$$

$$=\frac{80}{10}=8$$

です．

次に，分散の単位について考えてみます．データの単位が [g] ならば，分散の単位は [g^2] となり，単位が [点] ならば [$点^2$] となります．単位の 2 乗には意味はありません．これをもとの単位と同じにするには，分散の正の平方根をとった $\sqrt{（分散）}$ を考えます．この値を標準偏差といいます．

> **定 義**
>
> $$（標準偏差）=\sqrt{（分散）}$$

上の例では $\sqrt{2} ≒ 1.4$ とすると

$$（標準偏差）=\sqrt{8}=2\sqrt{2}≒2×1.4=2.8$$

となります．統計学では，数学と異なり，答えは $\sqrt{\ }$（ルート記号）のままでなく，有効桁を考えた適切な位までの小数を示します．本書では，特に断りがない限り，観測値の有効桁より一つ下の桁まで示すことにします．

分散に偏差の2乗を使う理由

　散らばりの程度を示すのなら偏差の2乗でなく絶対値の和をとり，観測値の個数で割ればよいではないか？　と思われるでしょう。確かに，そのような考え方はあり，平均偏差といいます。しかし標準的なテキストではこの平均偏差は利用されることがありません。その理由の一つは，絶対値を用いているため，高度な統計学的分析を進める際に数学的処理，特に微積分をする際に面倒ということがあります。さらにより重要な理由としては，分散は高度な統計学の発展に重要な役割を果たします。このことについては，次章以降でも説明します。

記号の導入

　さて，そろそろ，数式に慣れてもらうために，必要となる記号を導入しましょう。本書ではデータの観測値を x とします。一般に，観測値 x に対応する平均値は $\bar{x}$（エックスバーと読みます）と表し，分散は s^2，標準偏差を s と書きます。もう1つデータが与えられたとき，その観測値を y とし，平均値は $\bar{y}$ と表します。それぞれの分散や標準偏差については分散 s_x^2，s_y^2，標準偏差 s_x，s_y と下に添え字をつけて区別します。ここまでの内容をまとめておきましょう。

これらの定義は重要だよ！

定　義

$$（平均値）=\bar{x}=\frac{（観測値の合計）}{（観測値の個数）}$$

$$（偏差）=（観測値）-（平均値）=x-\bar{x}$$

$$（分散）=s^2=\frac{（偏差平方和）}{（観測値の個数）}=（偏差の平方の平均値）$$

$$（標準偏差）=s=\sqrt{（分散）}$$

記号に関する注意

観測値が n 個ある場合,つまり,データサイズ n の場合,それぞれの観測値は $x_i (i=1, 2, \cdots, n)$ と書く方がよいです。この記述方法を使いますと Σ(シグマ)記号が使えて便利ですが,苦手な人も多いようですので,この記述方法をできる限り用いないで説明します。また,本書では断りがない限り,x と書くことによって観測値を示し,誤解を生まないよう説明を進めていきます。

手順表の導入

ここまでの計算は,表 1.4.1 のように手順表を作成し,計算過程を記述するとわかりやすくなります。このような表を示し,計算過程を理解し,途中で必要となる値を書き込んで最終的な値を求めることが本書の目的の一つです。多くの練習問題では表が与えられていますので,それを利用して計算手順を覚えましょう。

表 1.4.1:観測値から平均値などを求める手順表

観測値 x	偏差 $x-\overline{x}$	偏差の平方 $(x-\overline{x})^2$
1	-5	25
2	-4	16
4	-2	4
5	-1	1
6	0	0
7	1	1
8	2	4
8	2	4
9	3	9
10	4	16
計 60		偏差平方和 80

- 1 列目は，10 個の観測値が並べられ，合計が 60 です。これから平均値を求めます。

$$（平均値）=\bar{x}=\frac{60}{10}=6$$

- 2 列目は，それぞれの観測値に対応する偏差です。
- 3 列目は，偏差の平方が並べられ，合計が 80 です。これから分散と標準偏差を求めます。

$$（分散）=s^2=\frac{80}{10}=8$$

$$
\begin{aligned}
（標準偏差）=s &\\
&=\sqrt{8}\\
&=2\sqrt{2}\\
&\fallingdotseq 2\times 1.4\\
&=2.8
\end{aligned}
$$

練習 27 次のデータは，バスケットボール大会の決勝に残った 2 チームの身長を記したものです。それぞれのチームの身長の平均値 $\bar{x}$，$\bar{y}$，分散 s_x^2，s_y^2，標準偏差 s_x，s_y を求めなさい。ただし，$\sqrt{2}\fallingdotseq 1.4$ として計算しなさい。

A チーム x	偏差 $x-\bar{x}$	偏差の平方 $(x-\bar{x})^2$
176		
170		
179		
188		
182		
計		偏差平方和

B チーム y	偏差 $y-\bar{y}$	偏差の平方 $(y-\bar{y})^2$
174		
180		
178		
182		
181		
計		偏差平方和

2. 手順表の利用

ここでは，同じ観測値が何度か繰り返されて出現している場合の計算過程を記述し，平均値，分散，標準偏差を求めることを理解します。この項の内容は少し難しいかもしれませんが，基本的な流れは先に示した手順表と変わりません。

次のデータは，10人の生徒で玉入れをしたとき，それぞれの生徒がかごに入れた玉の数を記録したものです。同じ観測値が何度か繰り返されていることに注目します。

2個，1個，3個，1個，2個，4個，5個，2個，3個，3個

ここで，1個が2人，2個が3人，3個が3人，4個が1人，5個が1人入れたことがわかります。この人数を度数として考え，度数に着目して平均値 $\bar{x}$，分散 s^2，標準偏差 s を計算してみましょう。

$$\bar{x} = \frac{1\times2+2\times3+3\times3+4\times1+5\times1}{10} = \frac{2+6+9+4+5}{10} = 2.6$$

$$s^2 = \frac{(1-2.6)^2\times2+(2-2.6)^2\times3+(3-2.6)^2\times3+(4-2.6)^2\times1+(5-2.6)^2\times1}{10}$$

$$= \frac{5.12+1.08+0.48+1.96+5.76}{10} = 1.44$$

$$s = \sqrt{1.44} = 1.2$$

となります。式ではわかりにくいので，手順表を作成し，計算過程を示すと表 1.4.2 のようになります。

表 1.4.2：観測値から平均値などを求める手順表（繰り返しがある場合 1）

観測値 x	度数 f	xf	$x-\overline{x}$	$(x-\overline{x})^2$	$(x-\overline{x})^2 f$
1	2	2	-1.6	2.56	5.12
2	3	6	-0.6	0.36	1.08
3	3	9	0.4	0.16	0.48
4	1	4	1.4	1.96	1.96
5	1	5	2.4	5.76	5.76
計	10	26			14.40

- 1 列目は，かごに入れた玉の数です。
- 2 列目は，玉の数を入れた人数（度数）です。全人数（度数の合計）は 10 です。
- 3 列目は，平均値を求めるための計算です。観測値と度数を掛けたものを代入します。合計は 26 なので全人数 10 で割り，平均値の 2.6 を求めます。
- 4 列目は，観測値に対応する偏差です。4 列目以降が分散を求めるための計算です。
- 5 列目は，偏差の 2 乗，つまり偏差の平方です。この合計に意味はありませんので注意しましょう。
- 6 列目は，偏差の平方に度数を掛けたものを代入します。合計の 14.40 を全人数 10 で割ると，分散の 1.44 が得られます。
- 最後に標準偏差＝$\sqrt{1.44}$＝1.2 を計算します。

度数分布表への応用

本手順表の観測値を階級値にすることで，一般の度数分布表から，平均値，分散，標準偏差のおおよその値を求めることができます。

表 1.2.3（p.23）を利用してこれらの値を求めてみましょう。平均値 $\overline{x}=$

55 です。

表 1.4.3：X 組の生徒の通学時間

階級値 x	度数 f	xf	$x-\bar{x}$	$(x-\bar{x})^2$	$(x-\bar{x})^2 f$
10	2	20	-45	2025	4050
30	8	240	-25	625	5000
50	14	700	-5	25	350
70	10	700	15	225	2250
90	6	540	35	1225	7350
計	40	2200			19000

これより，分散は，

$$s^2 = \frac{19000}{40} = 475$$

標準偏差は，

$$s = \sqrt{475} \fallingdotseq 21.8$$

です。

練習 28 次のような観測値と度数が得られました。表の空欄をうめて x の平均値 $\bar{x}$，分散 s^2，標準偏差 s を求めなさい。

観測値 x	度数 f	xf	$x-\bar{x}$	$(x-\bar{x})^2$	$(x-\bar{x})^2 f$
1	1				
2	3				
3	2				
4	2				
5	2				
計	10				

次のような観測値と度数が得られました。表の空欄をうめて x の平均値 $\bar{x}$, 分散 s^2, 標準偏差 s を求めなさい。

観測値 x	度数 f	xf	$x-\bar{x}$	$(x-\bar{x})^2$	$(x-\bar{x})^2 f$
1	3				
2	4				
3	4				
4	4				
5	5				
計					

 ## 3. 分散を求めるもう1つの式

これまでは分散の定義を説明し、その定義に基づく式から分散の値を具体的に求めました。ここでは、観測値の2乗と平均値の2乗を用いた分散の式を紹介します。

たとえば、データ：1, 5, 6 を用いて考えてみます。このデータの観測値 x に対して、平均値 $\bar{x} = \dfrac{1+5+6}{3}$ となります。これから分散は、

$$s^2 = \dfrac{(1-\bar{x})^2 + (5-\bar{x})^2 + (6-\bar{x})^2}{3}$$

$$= \dfrac{(1^2+5^2+6^2) - 2(1+5+6)\bar{x} + 3(\bar{x})^2}{3}$$

$$= \dfrac{1^2+5^2+6^2}{3} - 2 \cdot \dfrac{1+5+6}{3} \cdot \bar{x} + (\bar{x})^2$$

ここで，$\dfrac{1^2+5^2+6^2}{3}$ は x^2 の平均値なので $\overline{x^2}$ と書けます。

$$=\overline{x^2}-2\cdot\overline{x}\cdot\overline{x}+(\overline{x})^2$$
$$=\overline{x^2}-(\overline{x})^2$$

一般に次の式が成り立ちます。

> （分散）＝（観測値の2乗の平均値）－（観測値の平均値の2乗）

この式を用いて1項のデータ

　　1，2，4，5，6，7，8，8，9，10

の分数を求めましょう。平均値 $\overline{x}=6$ です。観測値の2乗の平均値は，

$$\overline{x^2}=\dfrac{1^2+2^2+4^2+5^2+6^2+7^2+8^2+8^2+9^2+10^2}{10}$$

$$=\dfrac{440}{10}=44$$

です。これより分散は，

$$s^2=44-6^2=44-36=8$$

となり，定義から求めたものと同じです。

　次にこの式を用いて前項の10人の玉入れのデータの分散を求めてみましょう。ここでも，表1.4.4のような度数分布表を作成しましょう。計算過程を理解すると簡単に求めることができます。

表 1.4.4：観測値から平均値などを求める手順表（繰り返しがある場合 2）

観測値 x	度数 f	xf	x^2	$x^2 f$
1	2	2	1	2
2	3	6	4	12
3	3	9	9	27
4	1	4	16	16
5	1	5	25	25
計	10	26		82

- 1 列目は，かごに入れた玉の数です。2 列目は，玉の数を入れた人数（度数）です。全人数（度数の合計）は 10 です。3 列目は，平均値を求めるための計算で，観測値と度数を掛けたものを代入します。合計は 26 なので全人数 10 で割り，平均値 $\bar{x}=$ の 2.6 を導きます。ここまでは，表 1.4.2 と同じです。
- 4 列目は，観測値の 2 乗です。この合計に意味はありませんので注意しましょう。
- 5 列目は，観測値の 2 乗に度数を掛けたものを代入します。合計は 82 なので全人数 10 で割り，8.2 を求めておきます。これが x^2 の平均値 $\overline{x^2}$ です。
- 最後に次の計算をします。

（分散）＝ $8.2 - 2.6^2$
　　　　＝ $8.2 - 6.76$
　　　　＝ 1.44

いつもこの公式で求めなければならないというわけではありません。たとえば【練習 27】は平均値が 179 となりますから，定義から求めた方が容易だと思われます。データによって使い分けてください。

練習 30 次のようなデータが得られました。表の空欄をうめて，x の平均値 $\bar{x}$，分散 s^2，標準偏差 s を求めなさい。

x	x^2
3	
4	
4	
6	
12	
13	
計	
平均値	

p.68～69 の分散の計算公式を使うんだね

練習 31 次のような観測値と度数が得られました。表の空欄をうめて，x の平均値 $\bar{x}$，分数 s^2，標準偏差 s を求めなさい。

観測値 x	度数 f	xf	x^2	$x^2 f$
1	1			
2	3			
3	2			
4	2			
5	2			
計	10			

練習 32 女子 4 人，男子 6 人の生徒が小テストを受けました。得点の平均値は女子が 12，男子が 7，分散は女子が 5，男子が 16 でした。

（1）10 人の得点の平均値を求めなさい。

（2）女子 4 人の得点の 2 乗の和を求めなさい。

（3）10 人の分散を求めなさい。

 範囲・四分位範囲・分散（標準偏差）と散らばりの程度

次の箱ひげ図で表されたデータ X と Y があります。どちらの分散が大きいでしょうか？ 範囲も四分位範囲もデータ X の方が大きいので，データ X でしょうか？

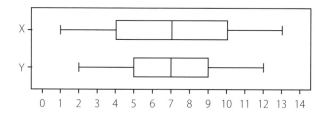

データ X の方が分散が大きいだろうと考えて問題ないことが多いです。しかし，一般には箱ひげ図だけでは分散の大小はわからないことに注意してください。箱ひげ図は五数要約の大まかな情報しかもっていないので，すべての観測値はわからず，それらを使って計算する分散を求めることはできません。次の例を計算してみましょう。

X：1, 4, 4, 4, 7, 7, 7, 7, 10, 10, 10, 13 　（分散 10.5）
Y：2, 2, 5, 5, 5, 5, 9, 9, 9, 9, 12, 12 　（分散 11.0）

このように，範囲も四分位範囲もデータ X の方が大きいのですが，分散（標準偏差）は Y の方が大きくなっています。

範囲，四分位範囲，分散（標準偏差）は，データの散らばりの程度を表す別々の指標であることに注意して，1 つの数値だけから判断しないようにしましょう。

5 データの変換

　次のデータ A，B，C について考えます。図 1.5.1 はこれらのデータの箱ひげ図です。実はデータ A, B, C の間には関係があるのですがわかるでしょうか？　データ B は，データ A の観測値に一律に 4 を加えたものです。データ C は，データ A の観測値を一律に 2 倍したものです。このようなデータの変換において，前節までに学んだデータの特徴を表す値がどのように変化するのか考えてみましょう。

$$A: 1, 2, 3, 4, 5, 6, 7$$
$$B: 5, 6, 7, 8, 9, 10, 11$$
$$C: 2, 4, 6, 8, 10, 12, 14$$

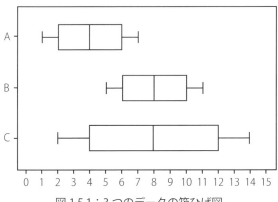

図 1.5.1：3 つのデータの箱ひげ図

1. データの変換とその性質

はじめに，平均値と中央値について考えてみましょう．

- データ B の平均値と中央値は，データ A の平均値と中央値にそれぞれ 4 を加えたものになっています．
- データ C の平均値と中央値は，データ A の平均値と中央値をそれぞれ 2 倍したものになっています．

平均値と中央値について，一般に次のことがいえます．

> あるデータの観測値に一律に定数を加えると，変換後のデータの平均値と中央値もその定数を加えたものになります．
> あるデータの観測値を一律に定数倍すると，変換後のデータの平均値と中央値もその定数倍になります．

次に，範囲，四分位範囲について考えてみましょう．

- データ B の最大値，最小値，四分位数は，データ A の最大値，最小値，四分位数にそれぞれ 4 を加えたものになっています．よって，範囲，四分位範囲は変わりません．
- データ C の最大値，最小値，四分位数は，データ A の最大値，最小値，四分位数をそれぞれ 2 倍したものになっています．よって，範囲，四分位範囲も 2 倍になります．

範囲，四分位範囲について，一般に次のことがいえます．

あるデータの観測値に一律に**正**の定数を加えると，最大値，最小値，四分位数もその定数だけ増えるため，変換後のデータの範囲，四分位範囲は変わりません。

あるデータの観測値を一律に**正**の定数倍すると，最大値，最小値，四分位数もその定数倍になるため，変換後のデータの範囲，四分位範囲もその定数倍になります。

練習33 先のデータ A に対して，**負**の定数を一律に加えたり，定数倍した場合，範囲，四分位範囲はどうなるか考察しなさい。

分散，標準偏差について次のデータ D，E，F を用いて考えます。

D：1, 3, 5, 9, 12

E：4, 6, 8, 12, 15

F：10, 30, 50, 90, 120

データ E は，データ D の観測値に一律に 3 を加えたもの，データ F は，データ D の観測値を一律に 10 倍したものです。データ E と F の平均値，分散，標準偏差を求め，データ D の平均値，分散，標準偏差とを比べてみましょう。表を用いて計算すると表 1.5.1 のようになります。

表 1.5.1：データ D, E, F の比較

D 観測値 x	E $x+3$	F $10x$	D x^2	E $(x+3)^2$	F $(10x)^2$
1	4	10	1	16	100
3	6	30	9	36	900
5	8	50	25	64	2500
9	12	90	81	144	8100
12	15	120	144	225	14400
計 30	45	300	260	485	26000
平均値 6	9	60	52	97	5200
分散 16	16	1600			
標準偏差 4	4	40			

この表から次のことがわかります。

$(x+3 \text{ の平均値}) = 9 = 6+3 = (x \text{ の平均値}) + 3$

$(x+3 \text{ の分散}) = 16 = (x \text{ の分散})$

$(x+3 \text{ の標準偏差}) = 4 = (x \text{ の標準偏差})$

$(10x \text{ の平均値}) = 60 = 10 \times 6 = 10 \times (x \text{ の平均値})$

$(10x \text{ の分散}) = 1600 = 100 \times 16 = 10^2 \times (x \text{ の分散})$

$(10x \text{ の標準偏差}) = 40 = 10 \times 4 = 10 \times (x \text{ の標準偏差})$

少し難しいけど
意味を考えればできそう

分散，標準偏差について，一般に次のことがいえます。

> あるデータの観測値に一律に正の定数を加えても，変換後のデータの分散と標準偏差は変わりません。
> あるデータの観測値を一律に正の定数倍すると，変換後のデータの分散はその定数の2乗倍になり，標準偏差はその定数倍になります。

練習 34 同様に，負の定数を一律に加えたり，定数倍した場合，分散，標準偏差はどうなるか考察しなさい。

練習 35 あるクラスの期末テストの得点の平均値は50点，標準偏差は10点でした。先生は，次のようなデータの変換を試みました。(1)から(3)のように変換したあとの，①平均値②分散③標準偏差をそれぞれ求めなさい。

(1) 全員の得点に一律に6点を加える。
(2) 全員の得点を一律に1.5倍する。
(3) 全員の得点に一律に6点を加えたあと，1.5倍する。

	元の得点	元の得点+6	元の得点 ×1.5	(元の得点+6) ×1.5
平均値	50			
分散	10^2			
標準偏差	10			

練習36 データXの観測値を x と示し，その平均値を $\bar{x}$，標準偏差を s とします。各観測値を 10 倍したとき，それを $10x$ と表すことにします。次の問のそれぞれについて，①〜③から適当なものを選びなさい。

(1) $10x$ の平均値はどれか。
　① $\bar{x}$　　② $10\bar{x}$　　③ $100\bar{x}$

(2) $10x$ の分散はどれか。
　① s^2　　② $10s^2$　　③ $100s^2$

(3) $10x$ の標準偏差はどれか。
　① s　　② $10s$　　③ $100s$

データの変換で何が変化するかわかったかな？

2. 標準化得点と偏差値

データの変換を用いているものの一つに試験結果から得られる偏差値があります。ここでは，偏差値の基になる標準化得点と偏差値の求め方を説明します。

A君は，数学と現代文のテストで，それぞれ 75 点をとりました。クラスの平均点はともに 55 点でした。両方とも平均点より 20 点多くとったので「同じくらいの出来」といってよいでしょうか？

それぞれの科目のヒストグラムを見てみましょう。ここでは得点の間隔を同じにした横軸を用います。これを「得点が目盛の定規」とよぶことにします。

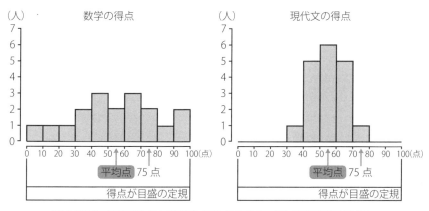

図 1.5.2：数学の得点と現代文の得点の分布（得点が目盛の定規）

得点の散らばりの程度を考慮すると，A君は現代文の方が「よく出来た」と考えてよいでしょう。データから計算すると数学の標準偏差が 25，現代文の標準偏差が 10 でした。この「出来のよさ」を標準偏差も考慮して数値化することはできないでしょうか。

この例では平均値が同じでしたが，一般に，平均値や散らばりの程度が

異なるとき，「得点が目盛の定規」でなく，平均値を0にずらし，散らばりの程度を表す標準偏差を1目盛とした新しい定規を考えます。これを「標準偏差が目盛の定規」とよぶことにします。この定規で測りますと，数学の標準偏差が25，現代文の標準偏差が10でしたので，次のように，数学は1近くの値をとり，現代文は2近くの値をとることがわかります。

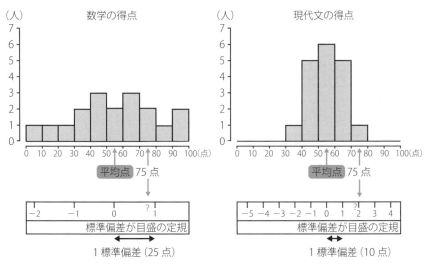

図 1.5.3：数学の得点と現代文の得点の分布（標準偏差が目盛の定規）

実際に，それぞれの75点をこの定規で測ってみましょう。

$$数学：\frac{75-55}{25}=\frac{20}{25}=0.8 \qquad 現代文：\frac{75-55}{10}=\frac{20}{10}=2$$

となり，現代文の方が高い数値となり「出来のよさ」を数値化することができました。一般に，各観測値から平均値を引き標準偏差で割ることを標準化，実際に得られた新たな数値を標準化得点といいます。

> **定　義**
>
> $$(標準化得点) = \frac{(観測値) - (平均値)}{(標準偏差)}$$

　標準化得点に単位はありません。このような単位のない数値を 無名数 といいます。また，この変換後のデータの平均値は常に 0 で，標準偏差は常に 1 となります（そうなるように，定規をずらしたのです）。標準化得点を知ると，平均値と標準偏差の値に関係なく，各観測値が平均値から標準偏差の何倍分のプラス，または，マイナスに離れているかがわかります。そのため，標準化得点は，統計学ではしばしば利用されます。

　たとえば，「私の身長の標準化得点は 1 で，体重の標準化得点は 1.3 である」ということがわかりますと，身長も体重も平均値より大きな値をとっていますが，身長に比べて体重の方が平均値より離れていることがわかります。

　日本の教育現場では，標準化得点の数値を 10 倍して 50 を加えたものを用いています。この数値を 偏差値 といいます。このようにしますと，偏差値で示されたデータの平均値が 50，標準偏差が 10 となります。

> **定　義**
>
> $$(偏差値) = \frac{(得点) - (平均点)}{(標準偏差)} \times 10 + 50$$

　A 君のそれぞれの科目の偏差値を求めてみましょう。

　数　学：$\dfrac{75-55}{25} \times 10 + 50 = 0.8 \times 10 + 50 = 58$

　現代文：$\dfrac{75-55}{10} \times 10 + 50 = 2 \times 10 + 50 = 70$

現代文の方が「よく出来た」と数値で感じることができるでしょう。

偏差値も単位はなく，無名数となります。しかし，平均点が 50 点，標準偏差が 10 点である 100 点満点試験をイメージされるため誤解を招くことがあります。偏差値の成り立ちを理解して利用しましょう。

練習 37 次の表を埋めて，A～E 君のそれぞれの偏差値を求めなさい。

	点数 x	$x-\bar{x}$	$(x-\bar{x})^2$	偏差値 $\dfrac{x-②}{⑤}\times 10+50$
A 君	0			
B 君	2			
C 君	3			
D 君	4			
E 君	6			
	計 ①		計 ③	
	平均点 ①÷5 ②		分散 ③÷5 ④ 標準偏差 $\sqrt{④}$ ⑤	

偏差値って
こうやって
計算するんだね

10人のクラスにいるA君，B君，C君が異なるテストで次のような点数をとりました。3人の中で偏差値が1番高い人は誰ですか？

① 100点満点のテストⅠでA君1人だけ100点，残り9人は全員0点
② 100点満点のテストⅡでB君1人だけ1点，残り9人は全員0点
③ 100点満点のテストⅢでC君1人だけ100点，残り9人は全員99点

次の表を埋めて偏差値を求めてみましょう。

①

点数 x（点）	度数 f（人）	xf	x^2	x^2f	偏差値
100	1				
0	9				
計	10				

②

点数 x（点）	度数 f（人）	xf	x^2	x^2f	偏差値
1	1				
0	9				
計	10				

③については，n を2以上の自然数，$a>b>0$ として一般化してみます。つまり，C君は n 人のクラスで得点 a をとり，残りの $n-1$ 人は得点 b をとったと考えます。

③

点数 x（点）	度数 f（人）	xf	x^2	x^2f	偏差値
a	1				
b	$n-1$				
計	n				

偏差値の歴史

　偏差値が日本の文献に初めて出てきたのは 1937 年といわれています[※1]。教育現場に応用したのは，統計学者ではなく教育者であり，登場し始めたのは 1960 年代のようです。1980 年代に入るとこの数値だけが独り歩きしてしまい，生徒のいろいろな個性を考えずに

　「偏差値●●だから△△高校，○○大学に行きなさい」

と進路指導に使われています。そのため多くの人が

　「偏差値は学力を表すものである」

と間違って理解していることがあります。その結果，1991 年には文部省（現文部科学省）の方針で公立の中学校では使われなくなったという経緯があります[※2]。

　このような歴史があるにもかかわらず，今日でも偏差値がよく使われています。これは利用しやすさに存在理由があるからだと思われます。しかし，偏差値の考え方や計算方法を知らない人が多いです。偏差値を正しく理解して，振り回されることなく使いましょう。

(※1) 小野瀬宏：「偏差値」(応用統計学 1992)
　　　https://www.jstage.jst.go.jp/article/jappstat1971/21/2/21_2_129/_pdf
(※2) JALT Testing & Evaluation SIG Newsletter. 14(2), 2010 (p.6-10)
　　　http://jalt.org/test/PDF/Kuwata-j.pdf

発展　近似値・誤差・有効数字

観測値 1，3，4 の平均値は $\frac{1+3+4}{3}=\frac{8}{3}$ です。統計学ではデータに対する平均値を分数のままで表記することはなく，小数で表記します。この例の小数は $\frac{8}{3}=2.6666\cdots$ となりますが，このように詳しければよいということもありません。一般に，平均値は観測値で示されている桁数より 1 つ，または 2 つ程度の桁数を増やし，2.7 または 2.67 と表します。分散や標準偏差を示す桁数も同様です。

この「発展」では，統計学のみならず，日常用いられる近似値・誤差について，さらに，有効数字の表し方をお話しします。

鉛筆の長さを測ろうとして定規を当ててみたら図 1.A のようになりました。最小目盛まで観測すると 13.7cm くらいのようです。

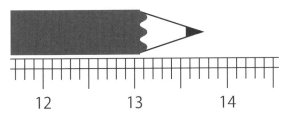

図 1.A：定規で測る鉛筆の長さ

目視でも最小目盛の $\frac{1}{10}$ まで観測して 13.73cm くらいまでは読めるかもしれません。では，もっと目をこらせば小数第 3 位，第 4 位，…と読めるでしょうか。残念ながら，この程度の道具では読めません。より高精度な道具を用いれば 13.7269…cm のようにもっと細かくわかるかもしれま

せん。

　物の長さ，重さといった値は無限に続く小数と考えられます。この本来の値を真の値(真値)といいます。どんなに測る道具が高精度であっても，この真の値を正確に知ることはできません。そこで私たちは，実用上どのくらいの精度で真の値を知りたいのかを考えて道具を選び，測定します。私たちが持っている定規で目視によって測定したものは，ふつう小数第1位くらいが限界です。そのため，13.73cmの小数第2位の数はかなり怪しいと思われます。道具で測った値である測定値は，真の値のある位を四捨五入したものと考えられます。これを近似値といいます。たとえば真の値 $x=13.7269\cdots$ の小数第2位を四捨五入して近似値 $a=13.7$ が得られたなら真の値と近似値には $a-0.05 \leq x < a+0.05$ という関係があります。

　真の値 x を基準にして近似値 a がどれだけ大きいかを表した $a-x$ を誤差といいます。

$$（誤差）=（近似値）-（真の値）$$

　誤差はプラスの値もマイナスの値もとりますが，重要なのは誤差そのものではなく「誤差の絶対値は大きくてもどのくらいか」ということです。図1.Bを見てみましょう。誤差$=13.7-13.7269=-0.0269\cdots$ が重要ではなく，「誤差の絶対値は大きくても0.05である」ということが重要です。

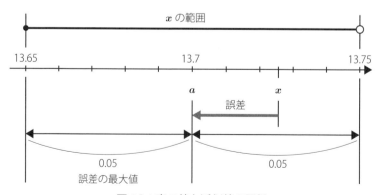

図1.B：真の値と近似値の関係

陸上競技の跳躍種目，投てき種目では，計測の際の距離は1cm未満の端数を切り捨てて記録することになっています。もも子さんの走り幅跳びで跳んだ距離 x cm の記録が378cmだったとすると，真の値と近似値には $378 \leq x < 379$ という関係があり，このときの誤差 e は $-1 < e \leq 0$ です。いつも四捨五入とは限りませんので注意しましょう。

　次に，有効数字の表し方について説明します。
　「モモ太くんの身長 x cm の近似値として170cmを得た」
とだけ書かれていたとしましょう。このとき，

① 「$165 \leq x < 175$ より一の位を四捨五入した」
② 「$169.5 \leq x < 170.5$ より小数第1位を四捨五入した」

のどちらなのかわかりません。つまり，170cmだけでは誤差の最大値がわからないので，真の値がどの辺りにあるのかわからないことになります。
　そこで誤差の情報を含んだ書き方を考えてみましょう。①の場合は上から3桁目を四捨五入して170としているので，有効な（情報として意味のある）数字は上から2桁分の1と7です。1と7のことを有効数字，また，この2桁のことを有効数字の桁数といいます。一般には次のように表します。

$$\underline{(整数部分が1桁の小数)} \times (10の累乗)$$
$$\text{有効数字を表す部分}$$

　この決まりで書くと，①は 1.7×10^2 cm，②は 1.70×10^2 cm となります。②の有効数字は1と7と0で，有効数字の桁数は3桁です。

> **例題** もも子さんが身長を測ったところ，小数第1位を四捨五入して近似値 157cm を得ました。

(1) 真の値 x の範囲を不等号で表しなさい。
(2) 誤差の絶対値は大きくてもどのくらいですか。

> もも子さんはもう少し精度のよい道具で身長を測りました。小数第2位を四捨五入したら 157.3cm でした。

(3) 真の値 x の範囲を不等号で表しなさい。
(4) 誤差の絶対値は大きくてもどのくらいですか。

解答
(1) $156.5 \leq x < 157.5$　　(2) 0.5　　(3) $157.25 \leq x < 157.35$　　(4) 0.05

> **例題**
> (1) 1340g の有効数字の桁数が3桁（1と3と4）であるとき，そのことがわかるように表しなさい。
>
> (2) 次の近似値（測定値）を，有効数字の桁数がわかるように表しなさい。

(2.1) 有効数字4桁で，地球と太陽との距離 149600000km を得た。
(2.2) 有効数字3桁で，A君が持久走で走る距離が 3900m であった。
(2.3) 地球と月との距離は，有効数字2桁で 380000km である。

解答
(1) 1.34×10^3　　(2.1) 1.496×10^8
(2.2) 3.90×10^3（0 を忘れないようにしましょう）　　(2.3) 3.8×10^5

2章 ペアの関係はこう考える！

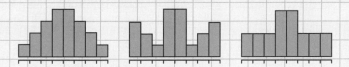

1　散布図と相関係数
　1　散布図と相関
　2　共分散
　3　相関係数
　4　相関の強弱
　5　相関係数に関する注意点
　コラム　シンプソンのパラドックス

2　回帰分析
　1　回帰直線
　2　決定係数
　コラム　回帰直線の傾きと相関係数の関係
　コラム　平均への回帰

1 散布図と相関係数

　表 2.1.1 は，生徒 10 人のある 1 週間の勉強時間と学年末成績（10.0 満点の全科目成績評価をこのようによぶことにします）を記したものです。1 人の生徒から 1 週間の勉強時間と学年末成績の観測値が得られています。このように 1 つの個体からペアの観測値が得られ，それらからなるデータを 2 変量（2 変数，2 次元）データといいます。第 1 章で扱ったデータを正確に 1 変量（1 変数，1 次元）データということもありますが，本書では断りがない限り後者は単にデータと表記します。

　本章では 2 変量データからどのようなことがいえるかについて考えましょう。

表 2.1.1：生徒の勉強時間と学年末成績

生徒	1 週間の勉強時間 x（時間）	学年末成績 y
1	6	8.2
2	1	5.5
3	2	5.8
4	14	8.9
5	13	9.2
6	9	8.5
7	11	7.2
8	4	7.5
9	7	7.9
10	3	5.8

記号の導入

第 1 章と同様に，必要となる記号を導入します。ペアの観測値を (x, y) と記します。一般に，変量 x の平均値は $\bar{x}$ と表し，分散は s_x^2，標準偏差を s_x と書きます。変量 y の平均値は $\bar{y}$ と表し，分散は s_y^2，標準偏差を s_y と書きます。

1. 散布図と相関

1 週間の勉強時間（以下，勉強時間という）を横軸に，学年末成績（以下，成績という）を縦軸にとり，$(x, y) =$（勉強時間, 成績）と考え，座標平面上に生徒 1，生徒 2，生徒 3，… を

$$(6,\ 8.2),\ (1,\ 5.5),\ (2,\ 5.8),\ \cdots$$

のようにプロットすると，図 2.1.1 ができます。これを散布図といいます。

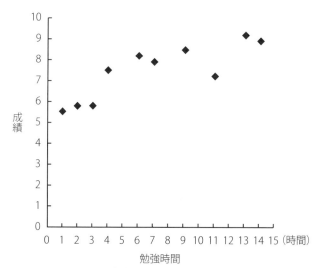

図 2.1.1：生徒の勉強時間と成績の散布図

この散布図からは，勉強時間が増加すると成績も上昇する傾向が読みとれます。この関係性を 直線の関係（線形関係）といいます。必ずしも勉強時間が成績に影響を与えるとはいえず，成績が良い生徒ほど勉強時間が長くなる傾向があるのかもしれません。このように，散布図から因果関係を読みとることはできません。

一般に，2つの変量 x, y において，
- 一方が増加すると他方も増加する傾向にあるとき, 正の相関があるといいます。
- 一方が増加すると他方が減少する傾向にあるとき, 負の相関があるといいます。
- 正の相関も負の相関も見られないとき, 相関がない（無相関）といいます。

 次の表は，1週間にスマートフォンを使う時間と成績（10段階評価の平均値）のデータです。このデータの散布図を描きなさい。

生徒	1週間にスマートフォンを使う時間（時間）	成績
1	3	8.2
2	14	5.5
3	6	6.4
4	1	8.9
5	2	9.2
6	9	7.5
7	11	6.2
8	3	7.5
9	7	7.5
10	8	6.1

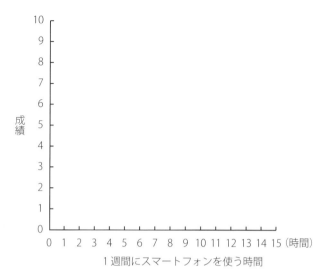

散布図は，相関を直観的に見るのには便利ですが，図 2.1.2 のように全く同じデータでも，目盛りの描き方によっては相関の強弱が判断しにくくなるときがあります。そこで，見た目によらず，相関の強弱を判断できる 1 つの客観的な数値を考えます。

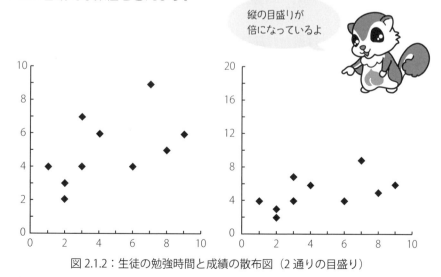

図 2.1.2：生徒の勉強時間と成績の散布図（2 通りの目盛り）

2. 共分散

1変量データで定義した分散は

「データが，平均値を中心として，どの程度散らばっているのか？」

という考え方を基本としました。2変量データでも，各観測値 (x, y) の平均値の点 $M(\bar{x}, \bar{y})$ からの離れ具合の程度を表す指標を導入します。

具体的に次の正の相関がある2変量データ A を考えます。

データ A：$(x, y)=(1, 8)$, $(3, 1)$, $(4, 5)$, $(7, 7)$, $(10, 9)$

x の平均値：$\bar{x} = \dfrac{1+3+4+7+10}{5} = 5$

y の平均値：$\bar{y} = \dfrac{8+1+5+7+9}{5} = 6$

となりますので，平均値の点 $M(\bar{x}, \bar{y})=(5, 6)$ です。観測値の点 (x, y) が，平均値の点 M からどの程度離れているかを図 2.1.3 を用いて見ていきましょう。

まず，座標平面を直線 $x=5$ および $y=6$ によって4つの領域に分けます。

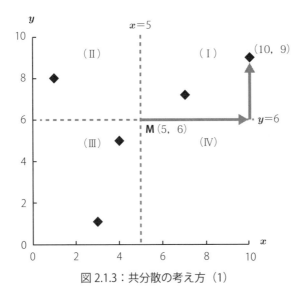

図 2.1.3：共分散の考え方（1）

それぞれの領域を（Ⅰ），（Ⅱ），（Ⅲ），（Ⅳ）とします。数学では，右上の領域を（Ⅰ）とし，反時計回りに番号を振るのが慣例です。

正の相関があるときには，点の多くが（Ⅰ），（Ⅲ）の部分に集まります。

負の相関があるときには，点の多くが（Ⅱ），（Ⅳ）の部分に集まります。

次に，偏差 $(x-\bar{x})$ と偏差 $(y-\bar{y})$ の積である $(x-\bar{x})(y-\bar{y})$ を考えます。たとえば，（Ⅰ）にある点 (10, 9) は点 M(5, 6) から x 方向に $10-5=5$，y 方向に $9-6=3$ だけ離れています。$(x-\bar{x})(y-\bar{y})$ とは次のように数値化することを意味しています。

（Ⅰ）の点(10, 9) → $(10-5) \times (9-6) = 5 \times 3 = 15$

同様に，他の点 (x, y) についても $(x-\bar{x})(y-\bar{y})$ を求めます。

（Ⅱ）の点(1, 8) → $(1-5) \times (8-6) = (-4) \times 2 = -8$
（Ⅲ）の点(3, 1) → $(3-5) \times (1-6) = (-2) \times (-5) = 10$
（Ⅲ）の点(4, 5) → $(4-5) \times (5-6) = (-1) \times (-1) = 1$
（Ⅰ）の点(7, 7) → $(7-5) \times (7-6) = 2 \times 1 = 2$

これらの値を散布図に書き込むと図 2.1.4 になります。

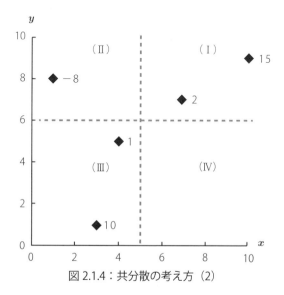

図 2.1.4：共分散の考え方（2）

それぞれの領域における $(x-\bar{x})(y-\bar{y})$ の符号は図 2.1.5 のようになることを理解しておきましょう。

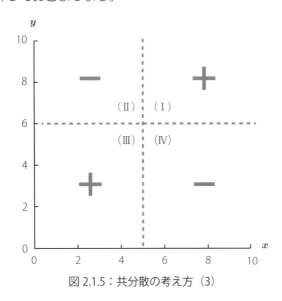

図 2.1.5：共分散の考え方（3）

図 2.1.4 から，$(x-\bar{x})(y-\bar{y})$ をすべて加えた値（以下，総和という）T_{xy} は次のようになります。

$$T_{xy}=(-8)+10+1+2+15=20$$

この $T_{xy}=(x-\bar{x})(y-\bar{y})$ の総和を偏差積和といいます。

> **定　義**
> （偏差積和）$T_{xy}=((x-\bar{x})(y-\bar{y})$ の総和$)$

T_{xy} を直観的に表すと，図 2.1.6 にある長方形の面積の総和となります。ただし，ここでいう長方形の面積とは（Ⅰ）と（Ⅲ）の部分にあるものは通常の面積，（Ⅱ）と（Ⅳ）の部分にあるものは通常の面積に－（マイナス）をつけたもの（負の面積）です。

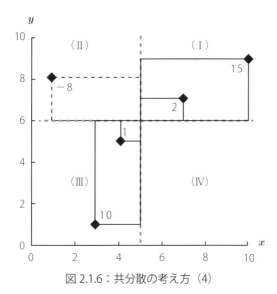

図 2.1.6：共分散の考え方（4）

データ A では，$T_{xy}=20>0$ となりましたが，T_{xy} は観測値の個数の影響を受けるため観測値の個数 n で割って利用することを考えます。すなわち，偏差積和の平均値を利用します。この値を共分散といい，s_{xy} で表します。

定義

$$（共分散）=\frac{((x-\bar{x})(y-\bar{y})の総和)}{（観測値の個数）} \qquad s_{xy}=\frac{T_{xy}}{n}$$

データ A の共分散は，図 2.1.6 の長方形の面積の平均値です。1 つの式で書き表すと，

$$s_{xy}=\frac{(1-5)(8-6)+(3-5)(1-6)+(4-5)(5-6)+(7-5)(7-6)+(10-5)(9-6)}{5}$$

$$=\frac{(-8)+10+1+2+15}{5}=\frac{20}{5}=4$$

となります。

共分散の考え方はわかったかな？

ここで，

　　　　共分散の符号と相関の傾向（正または負）が一致する

ということに注目します。

> 正（負）の相関がある
> ↓↑
> $(x-\bar{x})(y-\bar{y})$ の値が正（負）である観測値が多い
> ↓↑
> $(x-\bar{x})(y-\bar{y})$ の総和が正（負）になる
> ↓↑
> 共分散が正（負）になる

ということです。つまり，共分散の符号を用いて正の相関か負の相関かを判断することができます。データ A の共分散は 4 > 0 なので，正の相関があるのではないかといえます。

では，共分散の値で相関の強弱もわかるでしょうか？ 残念ながら共分散の値からは相関の強弱を判断することはできません。次項の相関係数を利用します。

3. 相関係数

共分散 s_{xy} の値は，変量の単位の影響を受けます。たとえば，データ A の x, y の単位が［cm］だとして単位を［mm］に変換すると

データ A'：(x', y') = (10, 80), (30, 10), (40, 50), (70, 70), (100, 90)

のようにすべての観測値は 10 倍になり，平均値も 10 倍になって $\bar{x'}=50$, $\bar{y'}=60$ となります。これらを用いて共分散を計算すると，

$$s_{x'y'} = \frac{(10-50)(80-60)+(30-50)(10-60)+(40-50)(50-60)+(70-50)(70-60)+(100-50)(90-60)}{5}$$

$$= \frac{(-800)+1000+100+200+1500}{5} = \frac{2000}{5} = 400$$

となります。この式からは，x' や y' の「偏差が10倍になる」から共分散は $10 \times 10 = 100$ 倍になってしまうことがわかります。しかしデータAとデータ A' とでは相関に違いはありません。共分散が単位の影響を受けることがわかりましたので，この影響を取り除くために，標準偏差で共分散を割ったものを用います。この値を相関係数といい，r で表します。

定　義

$$(相関係数) = \frac{(共分散)}{(x の標準偏差)(y の標準偏差)} \qquad r = \frac{s_{xy}}{s_x s_y}$$

この式を用いて，$\sqrt{5} \fallingdotseq 2.24$ としてデータAの相関係数を小数第3位を四捨五入して小数第2位まで求めてみます。

$$s_x = \sqrt{\frac{(1-5)^2+(3-5)^2+(4-5)^2+(7-5)^2+(10-5)^2}{5}} = \sqrt{\frac{50}{5}}$$

$$s_y = \sqrt{\frac{(8-6)^2+(1-6)^2+(5-6)^2+(7-6)^2+(9-6)^2}{5}} = \sqrt{\frac{40}{5}}$$

$$s_{xy} = \frac{(1-5)(8-6)+(3-5)(1-6)+(4-5)(5-6)+(7-5)(7-6)+(10-5)(9-6)}{5} = \frac{20}{5}$$

より

$$r = \frac{s_{xy}}{s_x s_y} = \frac{\frac{20}{5}}{\sqrt{\frac{50}{5}}\sqrt{\frac{40}{5}}}$$

$$= \frac{20}{\sqrt{50}\sqrt{40}} = \frac{2}{\sqrt{5}\sqrt{4}} = \frac{\sqrt{5}}{5}$$

$$\fallingdotseq \frac{2.24}{5} = 0.448 \fallingdotseq 0.45$$

となります.計算を行う際には,上のように,$\frac{?}{5(観測値の個数)}$ と分母を残したまま計算するのがコツです.

この計算も第 1 章のような表を利用してみましょう.計算過程を理解し,平均値,分散,標準偏差,共分散,そして相関係数を求めます.

表 2.1.2:相関係数の計算手順

x	y	$x-\bar{x}$	$y-\bar{y}$	$(x-\bar{x})^2$	$(y-\bar{y})^2$	$(x-\bar{x})(y-\bar{y})$
1	8	−4	2	16	4	−8
3	1	−2	−5	4	25	10
4	5	−1	−1	1	1	1
7	7	2	1	4	1	2
10	9	5	3	25	9	15
計 25	30			50	40	20

$$\bar{x} = \frac{25}{5} = 5, \quad \bar{y} = \frac{30}{5} = 6, \quad r = \frac{s_{xy}}{s_x s_y} = \frac{\frac{20}{5}}{\sqrt{\frac{50}{5}}\sqrt{\frac{40}{5}}}$$

次の 2 変量 x と y の相関係数 r を，小数第 3 位を四捨五入して小数第 2 位まで求めなさい。

(1)

x	y	$x-\bar{x}$	$y-\bar{y}$	$(x-\bar{x})^2$	$(y-\bar{y})^2$	$(x-\bar{x})(y-\bar{y})$
7	6					
6	4					
8	8					
8	6					
6	6					
計						

(2)

x	y	$x-\bar{x}$	$y-\bar{y}$	$(x-\bar{x})^2$	$(y-\bar{y})^2$	$(x-\bar{x})(y-\bar{y})$
7	60	0		0		
6	40	−1		1		
8	80	1		1		
8	60	1		1		
6	60	−1		1		
計				4		

(3)

x	y	$x-\bar{x}$	$y-\bar{y}$	$(x-\bar{x})^2$	$(y-\bar{y})^2$	$(x-\bar{x})(y-\bar{y})$
7	16	0		0		
6	14	−1		1		
8	18	1		1		
8	16	1		1		
6	16	−1		1		
計				4		

練習 41

次の表をうめることにより、次の①〜⑧の値をそれぞれ求めなさい。

① x の平均値
② y の平均値
③ x の分散
④ y の分散
⑤ x の標準偏差
⑥ y の標準偏差
⑦ x, y の共分散
⑧ x, y の相関係数

(1)

x	y	$x-\bar{x}$	$y-\bar{y}$	$(x-\bar{x})^2$	$(y-\bar{y})^2$	$(x-\bar{x})(y-\bar{y})$
2	1					
4	13					
5	7					
6	5					
8	9					
計						
平均値						

(2)

x	y	$x-\bar{x}$	$y-\bar{y}$	$(x-\bar{x})^2$	$(y-\bar{y})^2$	$(x-\bar{x})(y-\bar{y})$
20	1					
40	13					
50	7					
60	5					
80	9					
計						
平均値						

(3)

x	y	$x-\overline{x}$	$y-\overline{y}$	$(x-\overline{x})^2$	$(y-\overline{y})^2$	$(x-\overline{x})(y-\overline{y})$
20	1.1					
40	2.3					
50	1.7					
60	1.5					
80	1.9					
計						
平均値						

相関係数は便利だからよく使われるよ

データを変換したときの共分散,相関係数の変化についても確認しておきましょう。

共分散,相関係数について一般に次のことがいえます。

> ペアの観測値の
>   一方に一律に定数を加えても共分散は変わらない。
>   一方だけを一律に定数倍すると共分散はその定数倍になる。
> さらに,もう一方を一律に定数倍すると共分散はさらにその定数倍になる。
> ペアの観測値の
>   一方に一律に定数を加えても,一方を一律に**正の**定数倍しても相関係数は変わらない。

上記において,ペアの観測値の**一方**を一律に**負の**定数倍したら共分散と

相関係数はそれぞれどうなるでしょう。また，ペアの観測値の**両方**を一律に同じ**負**の定数倍したら共分散と相関係数はそれぞれどうなるでしょう。

> ペアの観測値の
> 一方を一律に**負**の定数倍すると共分散はその定数倍になり，相関係数は**-1倍**になる。

> ペアの観測値の
> 両方を一律に同じ**負**の定数倍すると共分散はその定数の2乗倍になるが，相関係数は変わらない。

変量 x の平均値を $\bar{x}$，標準偏差を s_x，変量 y の平均値を $\bar{y}$，標準偏差を s_y，2変量 x，y の共分散を s_{xy}，相関係数を r とするとき，次の問いに答えなさい。

(1) 2つの変数 $10x$ と y の共分散はどれか。

① s_{xy}　② $10s_{xy}$　③ $100s_{xy}$

(2) 2つの変数 $10x$ と $y+1$ の共分散はどれか。

① s_{xy}　② $10s_{xy}$　③ $100s_{xy}$　④ $s_{xy}+1$　⑤ $10s_{xy}+1$
⑥ $100s_{xy}+1$

(3) 2つの変数 x と y の相関係数はどれか。

① $\dfrac{s_x \times s_y}{s_{xy}}$　② $\dfrac{s_{xy}}{s_x \times s_y}$　③ $\dfrac{s_{xy}}{\sqrt{s_x} \times \sqrt{s_y}}$

(4) 2つの変数 x と $y+1$ の相関係数はどれか。

① r　② $10r$　③ $r+1$

(5) 2つの変数 $-x$ と y の相関係数はどれか。

① r　② $-r$　③ $-r-1$

4. 相関の強弱

ここでは，相関係数の値と相関の強弱を考えます。まずは，相関係数の値の範囲を求めてみましょう。正の相関が最も強いのは，2変量の関係が右上がりの直線（$y=ax+b$, $a>0$）の場合です。この関係があるデータの散布図の点はすべて右上がりの直線上に乗ります。たとえば，$y=x$ のときの相関係数を表 2.1.3 を用いて計算します。

表 2.1.3：正の相関が最も強いときの相関係数の計算

x	y	$x-\overline{x}$	$y-\overline{y}$	$(x-\overline{x})^2$	$(y-\overline{y})^2$	$(x-\overline{x})(y-\overline{y})$
1	1	−2	−2	4	4	4
2	2	−1	−1	1	1	1
3	3	0	0	0	0	0
4	4	1	1	1	1	1
5	5	2	2	4	4	4
計 15	15			10	10	10

$$\overline{x}=3, \quad \overline{y}=3, \quad r=\frac{\frac{10}{5}}{\sqrt{\frac{10}{5}}\sqrt{\frac{10}{5}}}=1$$

となり，最も強い正の相関の相関係数は1であることがわかります。同様に，負の相関が最も強いのは，2変量の関係が右下がりの直線（$y=-ax+b$, $a>0$）の場合です。この関係があるデータの散布図の点はすべて右下がりの直線上に乗ります。このとき，表 2.1.3 において，一方の偏差の符号が逆になるので共分散は−10となり，そのときの相関係数は−1です。よって，−1≦相関係数≦1 であることがわかります。

> −1≦相関係数≦1

相関係数は，正の相関が強いほど＋1（強調の意味で＋記号を付けています）に，負の相関が強いほど－1に近づき，相関が弱いときは0に近づきます。散布図で相関係数の値のイメージをつかんでおきましょう（図2.1.7）。

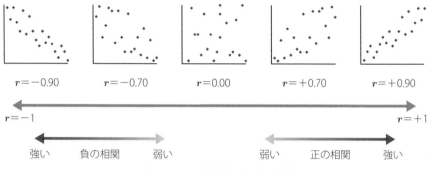

図2.1.7：相関係数と相関の強弱

ここまでのことをまとめます。
散布図において，ペアの観測値を示す点の分布が

> 直線に近づくほど**強い**相関がある，
> 直線ではなく広く散らばるほど**弱い**相関がある

この図を
イメージしようね

といいます。したがって，
　一番右の散布図では，強い正の相関がある
　一番左の散布図では，強い負の相関がある
といえます。

相関係数が＋1のときは，すべての観測値は右上がりの直線上に乗り，相関係数が－1のときは，すべての観測値は右下がりの直線上に乗ります。相関の正負は相関係数の符号が表し，相関の強さは相関係数の絶対値が表しています。

練習 43 次の散布図 (1)〜(4) に対応する相関係数の値として最も適当なものを①〜④から1つずつ選びなさい。

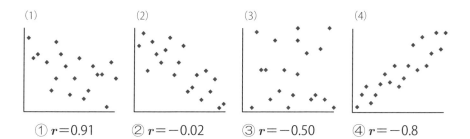

① $r=0.91$ ② $r=-0.02$ ③ $r=-0.50$ ④ $r=-0.8$

練習 44 (1)〜(6) は2変量 x, y の散布図である。それぞれの相関係数の値として最も適当なものを①〜⑨から選びなさい。

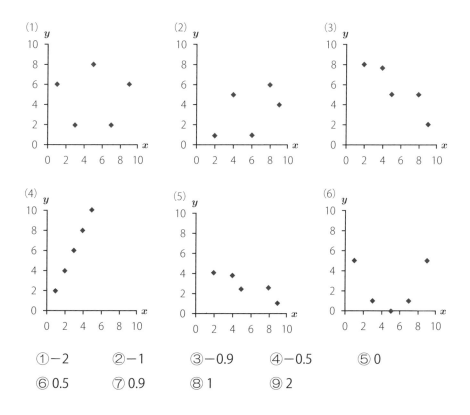

① -2　② -1　③ -0.9　④ -0.5　⑤ 0
⑥ 0.5　⑦ 0.9　⑧ 1　⑨ 2

共分散と分散

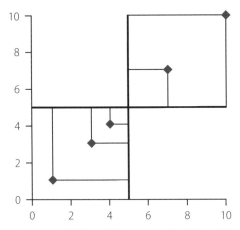

図 2.1.8：共分散の考え方を用いた分散の解釈

共分散と分散の関係を考えてみましょう。

（共分散）＝$(x-\bar{x})(y-\bar{y})$ の平均値

（分　散）＝$(x-\bar{x})^2$ の平均値

でした。分散は共分散の特別な場合（$y=x$）と考えられます。図 2.1.6 で共分散を長方形の面積（ただし，負の値もあり得る）の平均値で説明したことを思い出してください。

具体的に $y=x$ として

$(x, y)=(1, 1), (3, 3), (4, 4), (7, 7), (10, 10)$

を考えます。この共分散は図 2.1.8 の正方形の面積の平均値であり，これは x の分散と同じです。もう一度，相関係数の定義をみてみましょう。

$$（相関係数）＝\frac{（共分散）}{（xの標準偏差）（yの標準偏差）}$$

2変量 x, y が $y=x$ の場合，分母＝(x の標準偏差)(x の標準偏差)＝(x の分散)ですから，分母も分子も x の分散になり，相関係数は1になります。

5. 相関係数に関する注意点

ここまで，相関関係について説明しました。相関係数によって直線の関係（線形関係）の強さを判断することも学びました。ただし，相関係数の絶対値が大きいからといって，必ずしも関係があるわけではありません。また，絶対値が小さいからといって，全く関係がないというわけでもありません。この項では相関係数を用いる際のいくつかの注意を示します。相関係数に関する「落とし穴」は散布図を描くことによって多くを回避できます。実際にデータを分析する際には，散布図を描いてから相関係数を計算する習慣をつけてください。

相関関係と因果関係は異なる

重要なこととして，「相関関係と因果関係は異なる」ことを覚えてください。相関関係は2変量の間にある直線の関係を示すもので，それが因果関係を示す理由になることはありません。因果関係を示すには，2変量間に常識等で因果を判断できることが必要です。たとえば，「収入が多いほど支出が多い」という関係は収入がないと支出はありませんから，これは因果関係となります。一般には，このような明確な背景があるとは限らないので因果関係はわかりません。

因果関係は，実験や調査の手続きを明確にしたうえでデータをとり，示されなければいけません。正しい手続きのもとで行われた実験や調査において相関関係が強いとき，因果関係を示唆することはありますが注意が必要です。

見かけ上の相関に注意！

ある学校において無作為に生徒を選び，その生徒が知っている漢字の個数をx，身長をyとして十分な大きさのデータをとったところ，xとyに強い相関関係がみられました。この事実から「漢字をたくさん知っていれば身長が高い」または「身長が高いと漢字をたくさん知っている」と解釈するのは正しいでしょうか。常識的に「何か変だ」と感じるでしょう。それではどのようなことが背後にあると考えられるでしょうか？

実は，ある学校とは小学校だったのです。この2変量x，yの背後には，生徒の年齢zという変数が潜んでいるため，xとyの間に強い相関関係がみられたということがわかります。つまり，図2.1.9のように小学校段階では年齢とともに，知っている漢字の個数と身長は単純に増えます。z（原因）とx（結果），z（原因）とy（結果）に強い因果関係があるため，2変量x，yの一方が増えるともう一方も増える傾向，つまり正の相関が現れます。このような2変量に現れる相関を見かけ上の相関（擬相関）といいます。

図2.1.9：見かけ上の相関

他にも，都道府県別の病院数と患者数の間や，日本のインターネット普及率と高齢化の間に強い正の相関がみられます。前者は人口が多くなるとともに大きくなる数値，後者はともに年々高くなる数値の相関を調べているため相関係数は自ずと大きな値をとります。このような関係を探したり，相関係数を計算したりするのは面白いかもしれません。

「○○をすると××になる」といった主張が世の中にたくさんありますが，その中のいくつかは見かけ上の相関による過ちですので注意してください。先の例で，病院数を減らせば患者数が減る，インターネットが普及するほど高齢化がすすむというような解釈はあり得ません。

図 2.1.9 にある「年齢」は見かけ上の相関を引き起こした変量です。これを<u>第 3 の変数</u>ということがあります。見かけ上の相関と異なる第 3 の変数の例を紹介しましょう。

「男性の方が女性より交通事故を多く起こす」という結果が示されたとします。このことについて再確認すると，男性の方が女性より運転する機会が多く，そのため，交通事故が多いのかもしれません。つまり，図 2.1.10 のような関係の最初と最後だけをつなげて，因果関係があるように述べたのかもしれません。

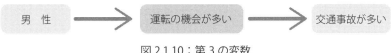

図 2.1.10：第 3 の変数

これは「運転の機会」という第 3 の変数を考えてはじめて因果の有無がわかる例です。

相関係数は外れ値の影響を大きく受ける

図 2.1.11 を見てください。左図で示された散布図の相関係数は 0.98 です。この図には 1 つの外れ値がみてとれます。この外れ値を除くと右図のようになり，相関係数は 0.00 で無相関です。つまり，相関係数は外れ値の影響を大きく受けるため，外れ値に対するロバスト性がないことがわかります。

このような外れ値は散布図を描けばすぐにわかります。先にも述べましたが，相関関係を考えるときには散布図を見ることが重要です。外れ値が

ある場合，外れ値が生じた理由に応じて削除するか否かなどを決める必要があります。

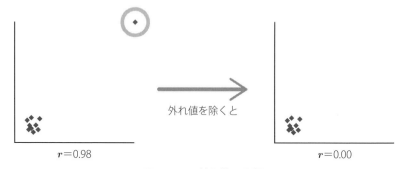

図 2.1.11：外れ値の影響

相関係数が0に近いからといって全く関係がないわけではない

相関係数は直線の関係（線形関係）を測る指標であり，2変量に直線の関係と異なる関係があっても相関係数はその関係の強さを適切に測ることはできません。

図 2.1.12 は 2 変量間に 2 次関数の関係がある例です。このとき，相関係数は 0 に近い値です。散布図を描けば，その様子は簡単に見ることができます。このように，相関係数が 0 に近いからといって，全く関係がないとはいえないのです。

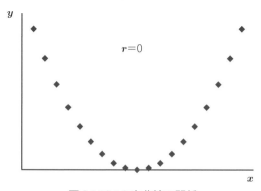

図 2.1.12：2 次曲線の関係

データの切断効果って？

相関係数にはデータの切断効果というものがあります。その一例として「入試の成績と入学後の成績の相関」がしばしば示されます。実際，入学試験を実施する多くの学校において，生徒の入学試験の得点 x と入学後の成績 y との間には，ほとんど相関関係がありません。それでは入学試験は無意味だと判断してよいでしょうか？

これは正しい判断ではありません。図 2.1.13 の左図は受験生全員が入学し，入試の得点が良かった生徒ほど入学後の成績も良いと仮定して散布図を描いたものです。入試の得点と入学後の成績の相関係数は 0.91 です。実際は入試で落ちたり，合格しても他大学へ進学した生徒は入学しませんので，彼らの「入学後の成績」のデータはありません（図 2.1.13 のグレーの部分）。右図は実際に入学した生徒の部分だけを抜き出したものです。このときの相関係数は 0.03 となり，入学した生徒の入試の得点と，入学後の成績には相関がないといってよいでしょう。

このように，データの一部の観測値から得られた相関係数と，全観測値から得られた相関係数が近い値になると思ってしまうと判断を間違います。データの分析において，どのようなデータを扱っているかということに注意しましょう。

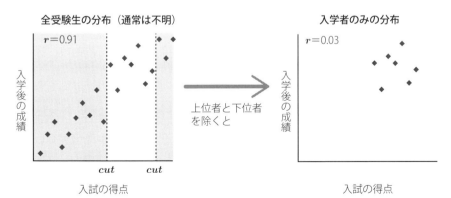

図 2.1.13：切断効果

次の記述は相関係数に関するものです。最も正しいものを1つ選びなさい。

① ある2変量の相関係数が高いので，これらの間には因果関係があるといえる。
② 相関係数 r は，常に $-1 \leqq r \leqq 1$ の値をとる。
③ すべての観測値がある曲線の上にあるとき，その相関係数は1である。
④ 相関係数が1に近いとき，すべての観測値はほぼ直線の上にある。

練習 46　ある町の氷卸屋は最高気温（以下，気温という）と商品Aの売上数（以下，売上数）に関係があると考えています。そこで，各月15日の気温と売上数の散布図を作成しました。この散布図にあるデータの気温の平均値は19.8℃，売上数の平均値は52.2，また相関係数は0.765でした。

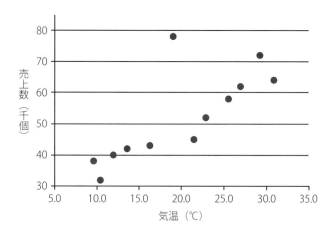

ところが，ある月の観測値の入力に間違いがあることがわかりました。気温が19℃のときの売上数は78（千個）でなく正しくは48（千個）でした。この数値を修正し，あらためて平均値や相関係数などを計算しました。

（1）次の記述のうち，最も正しいものを1つ選びなさい。
　①修正後，気温の平均値も，売上数の平均値も小さくなる。
　②修正後，気温の分散は変わらず，売上数の分散は小さくなる。
　③修正後，修正前の相関係数よりも小さくなる。

（2）次の記述は，修正後の気温と売上数の散布図からの解釈です。最も正しいものを1つ選びなさい。
　①観測値は直線上に分布しておらず，相関係数もあまり大きくないことから，気温が高いほど売上数が多い傾向があるとはいえない。
　②観測値は右上がりの直線上に分布しており，相関係数からも正の相関がみられ，気温が高いほど売上数が多い傾向があった。
　③いくつかの観測値が右上がりの直線からはずれて分布しているため，気温が高いほど売上数が多い傾向があるとはいえない。

相関係数の「落とし穴」っていっぱいあるね

シンプソンのパラドックス

　図 2.1.14 のようにそれぞれ正の相関がある 2 つのグループ（データ）があります。これら 2 つのグループを合併させるとどうなるでしょうか？ 2 つのグループの位置によって，①正の相関になる場合，②無相関になる場合，③負の相関になる場合があります。正（負）の相関のあるグループを合併すると，負（正）の相関になってしまうような逆転現象をシンプソンのパラドックスといいます。

　具体的に数値を求めてみましょう。図 2.1.15 のような場合，もとの 2 つのグループの相関係数がともに 0.74 であっても，合併したグループのそれは -0.51 となります。このように，2 つ以上のグループの存在に気づかずに分析しないよう注意しましょう。

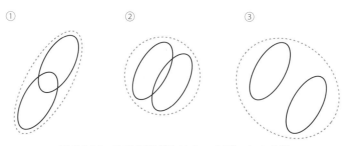

図 2.1.14：正の相関がある 2 つのデータの合併

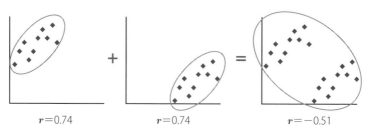

図 2.1.15：シンプソンのパラドックスの例（1）

企業 A と企業 B は同じ種類の商品 X と Y を製造しています。表 2.1.4 の上の表は各企業の商品 X と Y に対する購入者の評価です。商品 X, Y ともに企業 A の方が良い評価を得ています。商品 X と Y の評価を合計すると，企業 B の方が良い評価を得ていることになります。これもシンプソンのパラドックスの例です。

表 2.1.4：シンプソンのパラドックスの例（2）

	商品 X			商品 Y		
	高評価	低評価	高評価率	高評価	低評価	高評価率
企業 A	48	112	30%	24	16	60%
企業 B	4	16	20%	40	40	50%

	商品 X と商品 Y の合計		
	高評価	低評価	高評価率
企業 A	72	128	36%
企業 B	44	56	44%

2 回帰分析

図 2.2.1 のように，あるバネにいろいろな重さ x[g] のおもりをつるして，バネの長さ y[mm] を測定するという実験を 10 回行ったところ，表 2.2.1 のような結果が得られました。図 2.2.2 は表 2.2.1 から作成した散布図です。これから，おもりの重さとバネの長さの間に直線の関係がみてとれます。

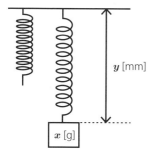

図 2.2.1：おもりの重さとバネの長さ

x[g] のおもりに対してバネの長さ y[mm] がどの程度になると予測できるかを考えましょう。

表 2.2.1：おもりの重さとバネの長さ

回数	おもりの重さ x[g]	バネの長さ y[mm]
①	6	72
②	1	51
③	2	56
④	14	92
⑤	13	92
⑥	9	82
⑦	11	84
⑧	4	66
⑨	7	71
⑩	3	58

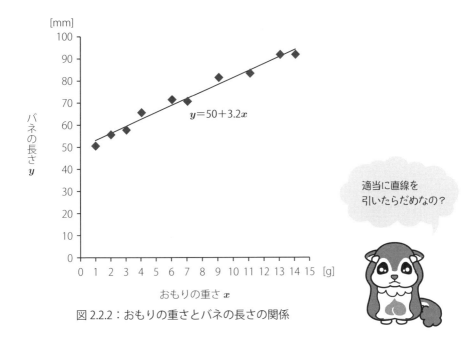

図 2.2.2：おもりの重さとバネの長さの関係

 1. 回帰直線

　図 2.2.2 の散布図から，おもりの重さ x とバネの長さ y の間にはおおよそ次のような式

　　$y = \alpha + \beta x$

で表される直線の関係があるように見えます。α は y 切片で β は直線の傾きです。このように x と y の関係を式で表したものを 数理モデル といいます。数理モデルは直線関係とは限らず曲線関係などもあり得ますが，ここでは最も簡単な直線関係について説明します。

　図 2.2.2 にある散布図に直線を引いてみましょう。すべての観測値の近くを通るように引くことが大事です。しかし，その直線が最も適切である

かどうかはわかりません。そのため，何らかの条件を考えてそれを満たすように直線を求めることが必要となります。

　図 2.2.2 には，$\alpha=50$，$\beta=3.2$，つまり，$y=50+3.2x$ で表される直線を描きました。この直線の式がどのように導かれるかについては後述します。この直線が適切であれば，おもりの重さ x[g] に対するバネの長さ y[mm] を予測（説明）することができます。たとえば，このバネに 10[g] のおもりをつるしたときのバネの長さは

$y=50+3.2\times 10=82$[mm]

と予測できます。また，バネの自然長（もとの長さ）は $x=0$ として $y=50$[mm] と予測できます。

　x を説明変数といい，散布図を描くときには，説明変数を横軸にとり，x によって説明される変数（被説明変数）y を縦軸にとります。また，この直線を回帰直線といい，α と β を回帰係数といいます。テキストによっては β のみを回帰係数とすることもありますが，本書では両方を指すことにします。

　与えられたデータから α と β を推定してみましょう。α の推定値を $\hat{\alpha}$，β の推定値を $\hat{\beta}$ とおきます。統計学では推定値であることを表すときに，^（ハット）をつけます。一般に，推定値と真値とは異なります。データで示された観測値から求める回帰係数は推定値であって，真値を求めることはできません。その意味で，^ をつけて推定値であることを明記します。

　ここからは，回帰係数を求める過程を示します。はじめに，おもりの重さが x_i[g] のときのバネの長さを y_i[mm] とします。x と y の右下にある i を添え字といい，何回目の実験結果なのかを表します。表 2.2.1 にあるように 10 回の実験を行っているときには，この i を使って x_i[g]，y_i[mm]（$i=1, 2, \cdots, 10$）のように表し，10 個のペアの観測値を示します。

　図 2.2.3 に説明のための観測値（x_1, y_1）を◆で示します。その点から

直線 $y=\hat{\alpha}+\hat{\beta}x$ へ真下に線を引きます。この段階では $\hat{\alpha}$ と $\hat{\beta}$ はわかっていませんが，とりあえず定数とみなして仮の直線を考えます。この直線上の点を $(x_1, \hat{y}_1)$ とし × で表します（図 2.2.3）。$\hat{y}_1$ のことを x_1 に対する予測値（推定値）といいます。

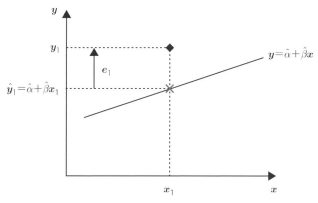

図 2.2.3：回帰直線と残差の考え方

観測値 y_1 と回帰直線を使って求めた予測値 $\hat{y}_1$ との間には，差が出ます。この観測値と予測値の差 $e_1=y_1-\hat{y}_1$ を残差といいます。

n 個のペアの観測値について残差 $e_i=y_i-\hat{y}_i (i=1, 2, \cdots, n)$ を考えます。次に，残差平方和（残差の平方の総和），すなわち

> **定 義**
>
> **（残差平方和）**
> $$S(\hat{\alpha}, \hat{\beta})=e_1^2+e_2^2+\cdots+e_n^2$$
> $$=(y_1-\hat{y}_1)^2+(y_2-\hat{y}_2)^2+\cdots+(y_n-\hat{y}_n)^2$$

を考えます。この式を書き換えると次のようになります。

$$S(\hat{\alpha}, \hat{\beta})=(y_1-\hat{\alpha}-\hat{\beta}x_1)^2+(y_2-\hat{\alpha}-\hat{\beta}x_2)^2+\cdots+(y_n-\hat{\alpha}-\hat{\beta}x_n)^2$$

これより，$S(\hat{\alpha}, \hat{\beta})$ は回帰係数 $\hat{\alpha}$ と $\hat{\beta}$ を含む式で書けることがわかります。

定義より $S(\hat{\alpha}, \hat{\beta}) \geq 0$ であり，観測値と予測値の残差が大きいほど大きい値になるため，この値を最小にするように回帰係数 $\hat{\alpha}$ と $\hat{\beta}$ を決めればよいことがわかります。このような $\hat{\alpha}$ と $\hat{\beta}$ の決め方を<u>最小二乗法</u>といいます。詳細は省略しますが，その値は<u>正規方程式</u>といわれる式を解くことによって次のように表すことができます。

回帰係数 $\quad \hat{\beta} = \dfrac{s_{xy}}{s_x^2} \left(= r \dfrac{s_y}{s_x} \right), \quad \hat{\alpha} = \bar{y} - \hat{\beta} \bar{x}$

これだけおぼえればいいのかな？

表 2.2.2 を用いて $\hat{\alpha}$ と $\hat{\beta}$ を求めてみましょう。

表 2.2.2：回帰係数の計算手順

x	y	$x-\bar{x}$	$y-\bar{y}$	$(x-\bar{x})^2$	$(x-\bar{x})(y-\bar{y})$
6	72	−1.0	−0.4	1	0.4
1	51	−6.0	−21.4	36	128.4
2	56	−5.0	−16.4	25	82.0
14	92	7.0	19.6	49	137.2
13	92	6.0	19.6	36	117.6
9	82	2.0	9.6	4	19.2
11	84	4.0	11.6	16	46.4
4	66	−3.0	−6.4	9	19.2
7	71	0.0	−1.4	0	0.0
3	58	−4.0	−14.4	16	57.6
計 70	724			192	608.0
平均 7.0	72.4			19.2	60.8

よって $\hat{\beta} = \dfrac{60.8}{19.2} = \dfrac{608}{192} = 3.16\cdots ≒ 3.2$

$\hat{\alpha} = 72.4 - 3.2 \times 7.0 = 72.4 - 22.4 = 50$

となります。このようにして，回帰直線 $y = 50 + 3.2x$ を導くことができます。

練習 47 次のデータから回帰直線を求めなさい。

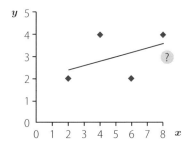

x	y	$x - \bar{x}$	$y - \bar{y}$	$(x - \bar{x})^2$	$(x - \bar{x})(y - \bar{y})$
2	2				
4	4				
6	2				
8	4				
計					
平均					

2. 決定係数

　回帰直線は，2 変量データ (x, y) について $y = \alpha + \beta x$ という直線の関係を仮定し，x から y を説明します。データを表す点が直線の近くに密集しているときには，求められた回帰直線で説明できますが，点が直線から大きく離れているときには説明できません（図 2.2.4 参照）。つまり，後者の場合，回帰直線を用いて x から y を予測することが好ましいとはいえません。そこで，求めた回帰直線で x から y をどのくらい説明できるかという説明力を示す指標を考えます。

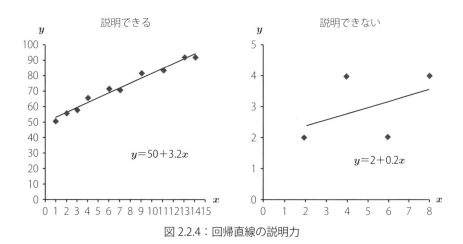

図 2.2.4：回帰直線の説明力

　y の散らばりの大きさを表す分散は

$$\frac{1}{n}\{(y_1-\overline{y})^2+(y_2-\overline{y})^2+\cdots+(y_n-\overline{y})^2\} = \frac{1}{n}\sum_{i=1}^{n}(y_i-\overline{y})^2$$

でした。この式の { } の中は

$$\{(y_1-\overline{y})^2+(y_2-\overline{y})^2+\cdots+(y_n-\overline{y})^2\}$$

$$=\{(y_1-\hat{y}_1)^2+(y_2-\hat{y}_2)^2+\cdots+(y_n-\hat{y}_n)^2\}+\{(\hat{y}_1-\overline{y})^2+(\hat{y}_2-\overline{y})^2+\cdots+(\hat{y}_n-\overline{y})^2\}$$

と分解できます（証明は省略します）。図 2.2.5 のように太い矢線を 2 つの矢線で分解するというイメージです。

それぞれの平方和の名前とその意味，Σ記号を使った表記は次のようになります。

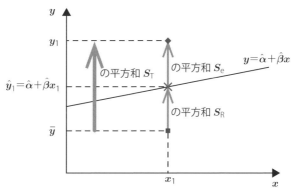

図 2.2.5：平方和の分解のイメージ

総平方和：はじめの散らばり具合

$$S_T=\sum_{i=1}^n (y_i-\overline{y})^2$$

回帰による平方和：説明できた部分

$$S_R=\sum_{i=1}^n (\hat{y}_i-\overline{y})^2$$

残差平方和：説明できなかった部分

$$S_e=\sum_{i=1}^n (y_i-\hat{y}_i)^2$$

$S_T=S_R+S_e$ となることから，説明力を示す決定係数を次のように定義します。

> **定 義**
>
> (決定係数) = (回帰による平方和) / (総平方和)　　$R^2 = \dfrac{S_R}{S_T}$

※Excel では重決定 R2 と表示される

つまり，回帰直線によってどの程度説明できたかを測ることになります。

なお，決定係数 R^2 の取りうる値の範囲は $0 \leq R^2 \leq 1$ です。0 に近いほど説明力がなく，1 に近いほど説明力があるといえます。図 2.2.4 では，左図の決定係数は $R^2 = 0.98$ で右図の決定係数は $R^2 = 0.2$ です。つまり，左図の説明力は高く，右図の説明力は低いことがわかります。また，右図は見てわかるように，4 つの点は「直線上に並んでいる」とはいいがたいので，回帰直線を仮定した回帰分析は適しません。回帰分析の結果は，図示して確認することも重要です。

もう一つ，決定係数について，重要な性質があります（証明は省略します）。数理モデルが $y = \alpha + \beta x$ の場合のみ，決定係数 R^2 と相関係数 r の間には $R^2 = r^2$ という関係が成り立つということです。図 2.2.4 では，左図の相関係数は $r = 0.99$ で右図の相関係数は $r = 0.45$ です。

決定係数で回帰直線の説明力を測るんだね

練習 48 【練習 47】のデータから回帰直線 $y = 2 + 0.2x$ の決定係数を求めなさい。

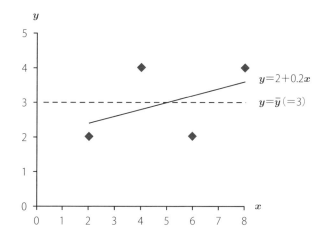

x	y	$y-\bar{y}$	$(y-\bar{y})^2$	$\hat{y}$	$\hat{y}-\bar{y}$	$(\hat{y}-\bar{y})^2$
2	2	−1		2.4		
4	4	1		2.8		
6	2	−1		3.2		
8	4	1		3.6		
計 20	12		S_T			S_R
平均 5	3					

練習 49 次の記述は回帰直線の決定係数に関するものです。最も正しいものを1つ選びなさい。

①ある2変量の相関係数が−1に近いので,これらの決定係数は1に近い。

②決定係数 R^2 は,常に $-1 \leqq R^2 \leqq 1$ の値をとる。

③すべての観測値がある曲線の上にあるとき,その決定係数は1である。

④決定係数が小さいので,2変量の間にはどのような関係もないといえる。

回帰直線の傾きと相関係数の関係

回帰直線に対する回帰係数の推定値 $\hat{\alpha}$, $\hat{\beta}$ は次式で表されることを示しました。

$$\hat{\beta}=\frac{s_{xy}}{s_x^2}\left(=r\,\frac{s_y}{s_x}\right),\quad \hat{\alpha}=\overline{y}-\hat{\beta}\overline{x}$$

（ ）内の式から，傾きは相関係数に対して標準偏差の比をかけることで導かれることがわかります。つまり，回帰直線の傾きと相関係数には何か関係があることがわかります。

少し難しいかもしれませんが，これらの方程式を書き換えてみます。

回帰直線 $y=\hat{\alpha}+\hat{\beta}x$ に $\hat{\alpha}=\overline{y}-\hat{\beta}\overline{x}$ を代入し，書き換えます。

$$y-\overline{y}=\hat{\beta}(x-\overline{x})$$

となります。さらに，$\hat{\beta}=r\,\dfrac{s_y}{s_x}$ を代入し，書き換えます。

$$\frac{y-\overline{y}}{s_y}=r\,\frac{x-\overline{x}}{s_x}$$

となります。この式の右辺の分数は変量 x を標準化したもの $\left(\tilde{x}=\dfrac{x-\overline{x}}{s_x}\right)$，左辺の分数は変量 y を標準化したもの $\left(\tilde{y}=\dfrac{y-\overline{y}}{s_y}\right)$ です。これから，次のことがわかります。

> x, y を標準化し $\tilde{x}$, $\tilde{y}$ とすると，回帰直線は $\tilde{y}=r\tilde{x}$ となる。

この結果は重要で，x, y を標準化すると，回帰直線の傾きは相関係数 r そのものであることがわかります。さらに，回帰直線は原点を通ります。

図 2.2.6 のような (x, y) を標準化したデータ $(\tilde{x}, \tilde{y})$ の散布図を考えてみます。一般に，おおよそ楕円でデータを囲むことができます。図 2.2.6

の正の相関の散布図を見て，回帰直線をかき込んでみましょう。どのように作図するかわかりますか？

正解は図 2.2.7 のように，楕円に引いた縦の接線の接点同士を結んだものになります。楕円の長軸だと思っている人が多いのですがそれは間違いです。これから，楕円が細いほど傾きが大きくなることがわかります。楕円が細いということは，相関係数が大きいということです。これで，回帰直線の傾きと相関係数の関係性が理解できます。

図 2.2.8 は，図 2.2.7 の散布図の楕円の部分だけを示したものです。正方形の一辺を 2 とすると，図の中にある数量関係になります。覚えておくと便利です。

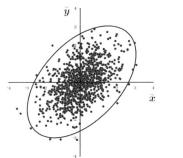
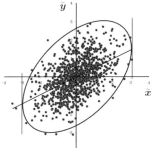

図 2.2.6：標準化後の散布図　　図 2.2.7：散布図と回帰直線

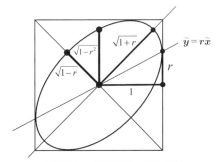

図 2.2.8：散布図と回帰直線

コラム　平均への回帰

　標準化することにより，回帰直線の傾き（＝相関係数）の絶対値は1以下であり，1を超えることがないことがわかりました。このことは，相関係数や回帰直線を発案したゴルトンが発見し，これを「平均への回帰」として説明しました。ゴルトンは親の身長と子の身長を調べ，

> 　背の高い親のグループの子たちの身長も高い傾向にはあるが，その平均は親たちの平均を超えることはなく，全体の平均に近づく

という性質を示しました。このことを次のようなお話で説明します。

　ある高校の1年生は1組から4組まであります。ただし，学力が均等になるようにクラス分けしています。1組と2組では，中間テストが50点未満の者のみを集めて補習をしてから，同程度の難易度の期末テストを実施しました。すると，補習をした生徒の平均点が10点増加しました。この事実を教頭先生に報告し「3組と4組でも補習をすべきです」と提案しました。ところが，教頭先生からは

> 「この補習は効果があったとは言えないのでその提案は却下」

と言われてしまいました。なぜでしょうか？

　教頭先生は補習を受けていない3組と4組の中間テストと期末テストについて調べていました。

　図 2.2.9 は3組と4組のクラスの散布図です。また，表 2.2.3 の上の2行は各テストの平均点と標準偏差です。中間テストと期末テストについては，全体の平均点も標準偏差もあまり変わりません。また，相関係数は 0.51 でした。これらから，中間テストの点を x とし，期末テストの点を y とした

ときの回帰直線は

$$\frac{(y-68.5)}{10.2}=0.51\times\frac{(x-68.3)}{10.5}$$

となります。たとえば，中間テストで 100 点をとった生徒は 84.2 点と予想され，15.8 点も成績が下がることになります。また，50 点をとった生徒は 59.4 点と予想され，9.4 点成績が上がります。

表 2.2.3 の下の 2 行は中間テストで 90 点以上の生徒の平均点と 50 点未満の生徒の平均点です。中間テストで 90 点以上の生徒の平均点は下がっています。また，50 点未満の生徒の平均点は上がっています。

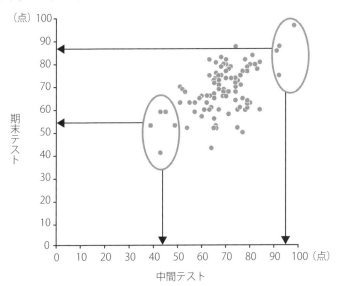

図 2.2.9：平均への回帰の例

表 2.2.3：3 組と 4 組のテストの結果

	中間テスト	期末テスト
全体の平均点	68.3	68.5
全体の標準偏差	10.5	10.2
中間テストで 90 点以上の生徒の平均点	93.3	86.5
中間テストで 50 点未満の生徒の平均点	43.8	54.0

中間テストと期末テストが同程度である場合，一般に，中間テストで高得点をとった生徒は期末テストも高得点をとる傾向にありますが，その点数は中間テストの点よりも平均点に近く（悪く）なります。中間テストで低得点をとった生徒は期末テストも低得点をとる傾向にあります。しかし，その人の期末テストの点は補習をしなくても中間テストの点よりは平均点に近く（良く）なります。これが「平均への回帰」です。この例では，中間テストが50点未満の生徒の平均点は約10点上がっています。この10点を上回る得点の増加がないと「補習は効果があった」とは言えません。そのため，教頭先生は補習について疑問をもったということです。

3章 統計的推測の世界にようこそ！

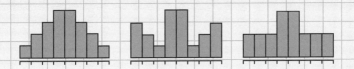

1 標本調査
    1 全数調査と標本調査
   コラム 味噌汁の味見と標本調査
    2 無作為抽出と乱数
   コラム じゃんけんと乱数

2 確率と確率分布
    1 確率の定義と定理
    2 確率変数と確率分布
    3 二項分布と正規分布
   コラム 確率とギャンブル

3 推測統計
    1 仮説検定
    2 区間推定
   コラム 品質管理の仮説検定
   コラム 統計学への誘い（ヒッグス粒子の存在）

   発展 分散分析への導入

1 標本調査

　第 1 章，第 2 章で扱った内容は，得られたデータの特徴をとらえる値や可視化でした。これを記述統計といいます。たとえば，身長について平均値や標準偏差を使って特徴をとらえました。さらに，ヒストグラムや箱ひげ図などを用いて可視化しました。また，勉強時間と成績の関係を散布図や相関係数で考察しました。回帰直線を用いておもりの重さからバネの長さを予測することも学びました。

　統計学を用いた研究として重要なことは，調査対象の特徴をとらえることと予測ですが，そこに判断が加わります。本章では，より高度な統計学の考え方を学びます。少し難しいかもしれませんが，もも子さんとモモ太くんという生徒さんが理解のお手伝いをしてくれます。二人の会話について皆さんも一緒に考えてください。

1．全数調査と標本調査

　調査対象となる集団を母集団といいます。この母集団について何らかのことを知りたいとします。母集団が大きい場合，母集団全体について調査することはおおよそ無理で，母集団から抽出された母集団の一部（部分集合）である標本（サンプル）を用います。たとえば，内閣支持率を考えましょう。母集団は有権者全員です。日本では約 1 億人が有権者なので，全員に調査することはできません。そこで有権者の一部を抽出します。これが標本です。

　抽出は次項で説明する無作為抽出がよいです。無作為抽出の意味するこ

とは，母集団に含まれる対象者や個体が同じ確率で標本として選ばれるということです。つまり，1億人の有権者から2,000人選ぶなら，すべての有権者には0.00002の確率で選ばれるチャンスがあるということです。

図3.1.1にあるような手順で，標本から内閣支持率の推定値を導きますが，これは真値ではありません。真値は全員に聞いて初めてわかるものです。推定値は真値ではなくても真値に近い値であると考えます。それではどの程度近い値が求められたのでしょうか？　また，ある人が内閣支持率は0.5（5割）と主張しているときに，この主張はどの程度正しいでしょうか？　このような判断をする統計学を推測統計といいます。

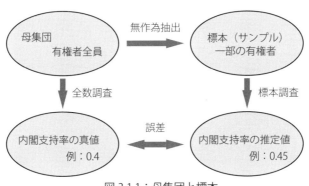

図3.1.1：母集団と標本

母集団を構成する要素の個数を母集団サイズ（母集団の大きさ），標本を構成する要素の個数を標本サイズ（標本の大きさ）といいます。1章1節で述べたデータサイズと同様，母集団の個数，標本の個数とはいいません。

4月に行う小中高の健康診断は，すべての児童と生徒の健康状態を知るという目的で日本の小中高生全員について行われます。調査対象をすべて調べることを全数調査といいます。全数調査はいろいろな統計に関する量を正確に計算することができます。しかし，たとえばLED電球の寿命を調べるために全数調査をしてしまったら商品がなくなってしまいます。このように，調査が破壊を伴う場合もあります。全数調査ができないときに

は，調査対象から一部を取り出して調査します。この調査方法を標本調査（サンプル調査）といいます。また，全数調査ができないわけではないですが時間，労力，費用などを節約したいときにも標本調査を利用します。標本調査を適切な方法で行えば全数調査にも引けをとらない結果を得ることができます。

関東地区のテレビ番組の視聴率は，テレビ所有世帯数約1800万世帯（母集団）から900世帯（標本）を選ぶ標本調査で算出しています。標本調査によるある番組の視聴率が20%だったとすると，1800万世帯×0.2＝360万世帯が視聴していたと考えます。

練習 50 次の調査が，全数調査なら c，標本調査なら s を（ ）に入れなさい。

（ ）テレビ番組の視聴率の調査
（ ）西暦年の末尾が 0 と 5 の年に行われる国勢調査
（ ）内閣支持率を調べる世論調査

練習 51 ある歌手のコンサート会場で，入場者の 7500 人から 150 人を選び出して調べたところ 20 人が中学生でした。このとき，次の問いに答えなさい。

（1）母集団は何か。
（2）標本は何か。
（3）中学生の入場者は何人いたと推定できるか。

練習 52 ある釣り堀で 14 匹の魚を釣り，そのすべてに印をつけて戻しました。しばらくたってから，同じ釣り堀で魚を 20 匹釣ったところ，その中には印のついた魚は 4 匹いました。この釣り堀には何匹の魚がいると推定できますか。ただし，この釣り堀はいつも一定の数の魚がいるとします。

味噌汁の味見と標本調査

あるクラスでは，文化祭で味噌汁を売り出すことになりました。次の会話は，練習として小さな鍋で作ったときと，本番の大きな鍋で作ったときのものです。それぞれ一体何が起こったのか考えてみましょう。

> **練習の日**
> もも子「ねぇモモ太くん。味噌を入れたから味見して。」
> モモ太「はーい」（味見する）「うーん，薄いなぁ。」
> もも子「そんなはずないよー。ちゃんと量ったんだからぁ。」

> **本番の日**
> もも子「ねぇモモ太くん。味噌を入れたから味見して。」
> モモ太「はーい」（味見する）「うーん，もうおなか一杯だよぉ。」
> もも子「？」

練習の日の会話は次のように続きます。

> もも子「よくかき混ぜた？」
> モモ太「あっ，そのまま飲んじゃった。」（よくかきまぜる）「本当だ。ちょうどいいよ。」

モモ太くんは，**よくかき混ぜないで**味見してしまったようです。
次に本番の日の会話を聞いてみましょう。

> もも子「よくかき混ぜれば，鍋が大きくても一口でいいのよ。」
> モモ太「そうなんだー，はじめに言ってよぉー。」

モモ太くんは，**大きい鍋だから，たくさんの量の味噌汁を飲まなければならない**と思ったようです。

「標本調査」は,「味噌汁の味見」と同じなのです。次の2つのポイントが重要です。

> ポイント1　よくかき混ぜる
> ポイント2　鍋の大きさに関係なく,味見は一口でよい

　ポイント1は無作為抽出のことです。よくかき混ぜて公平に標本（サンプル）を選びます。ポイント2は推定という考え方（後述）に関係します。母集団サイズの大きさにかかわらず,標本サイズの大きさで,推定値と真値の近さがわかります。小さなお鍋でも,大きなお鍋でも味見はスプーン1杯あればよいということですね。

記述統計と推測統計
全数調査と標本調査
おぼえたかな？

2. 無作為抽出と乱数

　あるテレビ番組の関東地区の視聴率を調べたいとします。このとき,関東地区にあるS中学校の3年生だけに調査しても,その調査から求められる視聴率は正しいとは言えません。それは,この中学校の特徴や中学3年生に特有の理由が関係しているからです。このように,標本調査を行うときに,偏った標本を取り出してしまうと,調査結果に母集団の性質が正しく表れないことになります。母集団から標本を偏りなく取り出すことを

無作為に抽出する

といいます。また,この抽出を<u>無作為抽出（ランダム抽出）</u>といいます。

無作為に抽出するには0から9の乱数（正確には，離散一様乱数という）を利用することがあります。0から9の乱数とは，「それまでに出現した数に関係なく，次の0から9の数が同じ$\frac{1}{10}$の確率で出現することで，これを並べたものが乱数列です。

乱数を手軽に作る道具としては乱数サイコロがあります。これは，右の図のような正二十面体に0から9の数が2つずつ書き込んであるものです。

次の例1は，この乱数サイコロで作ったもので，この並びには全く規則性がありません。例2は，意図的に作った乱数列に似せた並びです。

例1　2, 6, 0, 1, 3, 8, 8, 6, 2, 6, 9, 5, 1, 5, 2, 9, 6, 8, 4, 4, …
例2　1, 4, 3, 5, 8, 6, 7, 9, 0, 2, 3, 0, 5, 4, 7, 9, 8, 1, 2, 6, …

例2も乱数の並びのように思えるかもしれませんが，そうではありません。なぜでしょうか？　これを作成した過程を説明しましょう。

例2は1番目から10番目，11番目から20番目に0から9がそれぞれ1つずつ現れています。はじめに1が現れると2番目は1以外の数が，2番目に4が現れると3番目は1, 4以外の数が，…，10番目は今まで現れなかった数が現れるというように，先頭から10個ずつの中に異なる数を1個ずつ含ませて作っています。このため，10番目の数は予測できます。つまり，「それまでに出現した数に関係なく，次の0から9の数が同じ$\frac{1}{10}$の確率で出現する」という条件が成り立っていません。また，実際の乱数列では同じ数が複数個並ぶこともあります。直前の数と違う数が必ず現れるというのも先の条件を満たしません。

乱数列はこのような乱数サイコロや乱数表，コンピュータで作成することが一般的で，人間が乱数列を作成しようとしても，実際には意思がはたらいてしまい，無理であると考えられています。

乱数を使った標本抽出の例

例1の乱数を使って，母集団サイズ50の母集団から標本サイズ5の標本を作る方法を説明します。

（1）母集団を構成するもの（個体）に1番，2番，3番，…，50番と番号をつける。

（2）例1の乱数を2桁ずつ区切り，次のように並べる。

26，01，38，86，26，95，15，29，68，44，…

（3）（2）でつくった2桁の数から，51以上の数や重複する数を除いて，5つの2桁の数を抜き出す。

26，01，38，~~86~~，~~26~~，~~95~~，15，29

（4）母集団から26番，1番，38番，15番，29番と割り振られているものを取り出す。

練習 53 母集団サイズ 600 の母集団から標本サイズ 10 の標本を作成するため，母集団の個体に 1 から 600 の番号をつけました。次の乱数を使って，標本となる個体を取り出しなさい。

6, 1, 2, 0, 5, 3, 6, 0, 6, 5, 6, 0, 8, 5, 5, 2, 6, 5, 2, 7, 7,
0, 4, 3, 8, 8, 2, 7, 8, 9, 9, 8, 0, 9, 5, 9, 9, 3, 8, 3, 7, 0,
7, 7, 3, 3, 1, 9, 4, 5, 6, 4, 2, 0, 3, 4, 3, 7, 3, 1, 4, 3, 6,
9, 7, 1, 1, 1, 9, 5, 0, 9, 0, 7, 7, 8, 5, 3, 9, 2, 0, 2, 4, 6, …

コラム じゃんけんと乱数

乱数は，ゲームにも利用されます。ここでは身近なゲームであるじゃんけんを考えます。乱数に相手になってもらえば，1人でもじゃんけんができます。例1の乱数列を下敷きで隠して，じゃんけんをするたびに1つずつ数を出してゆきます。

1, 2, 3 なら, 4, 5, 6 なら ✌, 7, 8, 9 なら 🖐

と読みかえます。0が出たらそれは無視して下敷きを1つずらして下さい。つまり，例1の乱数列からは次のような手が現れたことになります。

2, 6, 0, 1, 3, 8, 8, 6, 2, 6, 9, 5, 1, 5, 2, 9, 6, 8, 4, 4,

おそらく乱数と戦っても，勝率は $\frac{1}{3}$ に近づくだけで面白くないかもしれません。皆さんのまわりにじゃんけんが弱い人はいませんか？ その人は，「癖」のある手を出しているのかもしれません。たとえば，ある弱い人とじゃんけんを続けてみました。このときにこの人が出した手を，順番に書き

出すと

[パー, グー, チョキ, パー, グー, チョキ, パー, グー, チョキ, パー, グー, チョキ, パー, グー, チョキ]

となりました。一見不規則に出しているように見えますが，乱数の手と比べるとかなり「癖」のある出し方です。実は，この人の次に出す手は，前に出した手と必ず違う手なのです。

このような癖のある出し方をする人に対して，作戦を考えてみましょう。

はじめ（第1手）にパーを出しているから，次はチョキかグーであることが予想でき，これらに負けない手であるグーを出せばよいです。一般に次の手は，その前に相手が出した手に負ける手を出せば負けないことになります。第1手は読めませんから何でもかまいません。

　　1手 2手 3手
相手：[パー, チョキ, グー, パー, チョキ, グー, パー, チョキ, グー, パー, チョキ, グー, パー, チョキ, グー]
自分：? [グー, パー, チョキ, グー, パー, チョキ, グー, パー, チョキ, グー, パー, チョキ, グー, パー]

この作戦を使えば，第2手以降は，あいこか勝ちなので負けないことがわかります。

次の節はちょっとむずかしいよ！

2 確率と確率分布

確率というと何をイメージしますか？ 確率の重要なことは，
- 生じ得る結果の種類が事前にわかっている
- 実際に生じる結果は偶然に左右され，事前にはわからない

という不確実な現象を表現することです。

皆さんは通学，通勤にどのくらいの時間がかかりますか？ 通学時間や通勤時間が取り得る範囲は過去のデータからわかりますが，明日の通学時間や通勤時間を正確にいうことはできません。しかし，このような不確実な現象に対して，過去のデータを利用し，確率の考え方に基づいて表すことによって，不確実性の程度を定量的に扱うことができます。たとえば，「明日は50分で学校に行ける。」ということが80％の確率で可能であるということは，過去の通学時間の分布の形（ヒストグラム）からわかります。

次項からは，これから学ぶ推測統計を理解するための準備として，確率，確率変数，確率分布を説明します。特に，期待値と分散は統計学を理解するための基本となる概念です。また，多数ある確率分布の中で，最も重要な二項分布と正規分布について触れます。

1. 確率の定義と定理

試行と事象

サイコロ投げの場合，1回ずつサイコロを投げる行為を試行といいます。生じ得る結果は，「4の目が出る」，「奇数の目が出る」などのように表現し，

生じ得る結果を事象といいます。「奇数の目が出る」事象 A を記号を用いて表すと，事象 $A=\{1, 3, 5\}$ となります。ここで，$\{\ \}$ はカッコ内の要素の集合を表します。生じ得る結果全体を全事象（標本空間）といい，$\Omega=\{1, 2, 3, 4, 5, 6\}$ と表します。$\{1\}, \{2\}, \{3\}, \{4\}, \{5\}, \{6\}$ はこれ以上事象を細かく分けることができないので，根元事象（標本点）といいます。サイコロ投げの場合，根元事象は上の6通りです。

> **事象 A と B の和事象**
> 　事象 A または B いずれかに含まれる要素からなる事象をいい，$A \cup B$ と表します。
>
> **事象 A と B の積事象**
> 　事象 A および B のどちらにも含まれる要素からなる事象をいい，$A \cap B$ と表します。
>
> **空事象**
> 　何も生じない（要素がない）事象をいい，ϕ と表します。
>
> **事象 A と B は互いに排反**
> 　事象 A と B の積事象が空事象 ϕ である場合をいいます。つまり，$A \cap B = \phi$ です。
>
> **事象 A の余事象**
> 　事象 A に含まれない要素からなる事象をいい，A^C と表します。

$A \cup A^C = \Omega$，$A \cap A^C = \phi$ が成り立ちます。

サイコロを1回投げるという試行について，偶数の目が出るという事象を A，3以下の目が出るという事象を B，1か5の目が出るという事象を C とします。つまり，$A=\{2, 4, 6\}$，$B=\{1, 2, 3\}$，$C=\{1, 5\}$ です。次の事象を具体的に示しなさい。

① 事象 A と B の和事象 $A \cup B$　　② 事象 B と C の和事象 $B \cup C$
③ 事象 A と B の積事象 $A \cap B$　　④ 事象 A と C の積事象 $A \cap C$
⑤ 事象 C の余事象 C^c

確率の考え方

事象の起こりやすさ（確からしさ）を表す確率を説明します。確率の記号は $P(\ )$ で、$(\ )$ の中に具体的な事象を書きます。「確率の公理」というものがありますが，本書の範囲では次の性質を理解していれば十分です。

1. 任意の事象 $A \in \Omega$ に対して，$0 \leq P(A) \leq 1$
2. 全事象 Ω に対して，$P(\Omega)=1$
3. 空集合 ϕ に対して，$P(\phi)=0$
4. 事象 A と B が互いに排反であるとき，$P(A \cup B)=P(A)+P(B)$

4 は確率の加法定理（後述）といわれるものです。

確率の定義はいくつかあります。はじめに古典的確率について説明します。根元事象が生じる可能性が同様に確からしい（起こりやすい）と仮定し，事象の確率を事象に含まれる要素の数に基づいて計算する方法です。たとえば，歪みのないサイコロを 1 回投げるという試行について，根元事象である各目の出る事象の確率を $P(\{1\})=P(\{2\})=P(\{3\})=P(\{4\})=P(\{5\})=P(\{6\})=\dfrac{1}{6}$ と考えます。これを用いて，奇数の目が出る事象 $\{1, 3, 5\}$ の確率は $\dfrac{3}{6}=\dfrac{1}{2}$ と計算します。つまり，

$$(\text{事象 } A \text{ の確率}) = \frac{(\text{事象 } A \text{ に含まれる要素の数})}{(\text{全事象 } \Omega \text{ の要素の数})}$$

です。事象 A に含まれる要素の数を $n(A)$ と記すと，

$$（事象\ A\ の確率）=\frac{n(A)}{n(\Omega)}$$

と表現できます。

これに対して頻度確率は頻度に基づいて求めます。たとえば，サイコロ投げという試行を十分大きい回数（n 回）反復し，そのうち目 i が出た回数が $n_i (i=1, 2, \cdots, 6)$ であるとします。このとき，その相対度数（相対頻度）$\frac{n_i}{n}$ は n を大きくするとき一定の値 p_i に近づくという性質（大数の法則といいます）に基づいて $P(\{i\})=p_i$ と考えます。

実際の現象については頻度確率を利用することが多くなります。なぜなら，歪んだサイコロの場合，各目が出る確率は何度も投げて調べないとわかりません。また，ある人の通学時間や通勤時間についても階級（45 分〜50 分など）を決めて調べないとわからないからです。

「大数の法則」は統計学にとってとても大切な法則なんだよ

次のような会話はよく耳にしますが，確率の考え方からは間違った会話といえますね。

もも子「ねぇモモ太くん。明日の 1 限は試験だから遅刻できないわね。」
モモ太「うん！ 家から学校まで約 45 分だけど，遅刻しないように 55 分前に家を出るよ。そうすると，95％の確率で学校に来れるよ！」
もも子「モモ太くんは遠くて大変ね。55 分なら私は 120％大丈夫だわ。」

120%という言い方は間違っていますが，気持ちはわかりますね。また，確率は%で表現することが多いです。

ベン図と確率の定理

確率について考えるとき，ベン図を用いると便利です。図3.2.1 と図3.2.2 は2つの事象 A と B が互いに排反の場合と排反でない場合のベン図です。長方形の枠の内側全体が全事象（標本空間）Ω を表し，2つの円 A と B がそれぞれ事象 A と B を表します。円 A の外が A の余事象 A^c，円 B の外が B の余事象 B^c です。ベン図を用いて確率に関するいくつかの定理を説明します。

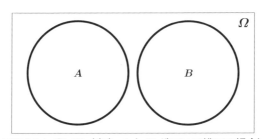

図3.2.1：ベン図（事象 A と B が互いに排反の場合）

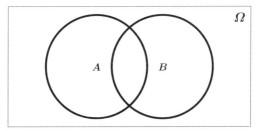

図3.2.2：ベン図（事象 A と B が互いに排反でない場合）

加法定理

確率の<u>加法定理</u>は和事象の確率に関する定理です。図 3.2.1 のように事象 A と B が互いに排反のとき，和事象 $A\cup B$ に含まれる要素はどちらか一方の事象だけに含まれ，両方に含まれることはないので，$A\cup B$ に含まれる要素の数は $n(A)+n(B)$ となります。これより，次が成り立ちます。

> **事象 A と B が互いに排反のとき，**
>
> $$P(A\cup B)=\frac{n(A)+n(B)}{n(\Omega)}=\frac{n(A)}{n(\Omega)}+\frac{n(B)}{n(\Omega)}=P(A)+P(B)$$

3 つの排反な事象 A, B, C についても，繰りかえすことによって $P(A\cup B\cup C)=P(A)+P(B)+P(C)$ を示すことができます。4 つ以上のときも同様です。

図 3.2.2 のように事象 A と B が互いに排反でないとき，$n(A)+n(B)$ のままでは積事象の要素が 2 重にカウントされるので，$n(A\cap B)$ を引く必要があります。つまり，和事象について次が成り立ちます。3 つ以上の場合はそれぞれの重なり具合によって式が複雑になります。

> **事象 A と B が互いに排反でないとき，**
>
> $$P(A\cup B)=\frac{n(A)+n(B)-n(A\cap B)}{n(\Omega)}=\frac{n(A)}{n(\Omega)}+\frac{n(B)}{n(\Omega)}-\frac{n(A\cap B)}{n(\Omega)}$$
> $$=P(A)+P(B)-P(A\cap B)$$

条件付き確率と乗法定理

事象 A と B が互いに排反でないとき（図 3.2.2），事象 A が生じるとい

う条件のもとで事象 B の生じる確率を条件付き確率といい，$P(B|A)$ と表します。このとき，

$$P(B|A) = \frac{P(A \cap B)}{P(A)}$$

が成り立ちます。この式の両辺に $P(A)$ を掛け，左辺と右辺を交換すると，

$$P(A \cap B) = P(A)P(B|A)$$

となり，積事象の確率に関する式が得られます。これを確率の乗法定理といいます。

事象の独立性

事象 A と B が独立であるとは，一方の事象が生じる確率が，他方の事象が生じるか否かに関係しないこと，すなわち，

$$P(B|A) = P(B), \quad P(A|B) = P(A)$$

です。このとき，乗法定理より，

$$P(A \cap B) = P(A)P(B)$$

が成り立ちます。同様に，3つ以上の事象 A，B，C，… が互いに独立であるとき，

$$P(A \cap B \cap C \cap \cdots) = P(A)P(B)P(C)\cdots$$

が成り立ちます。

乗法定理　　$P(A \cap B) = P(A)P(B|A)$

事象 A と B が独立であるとき，　　$P(A \cap B) = P(A)P(B)$

練習 55 乱数サイコロを1回投げます。乱数サイコロは $\{0, 1, \cdots, 9\}$ の目があり，いずれの目も出る確率は $\dfrac{1}{10}$ です。事象 A を偶数の目が出るとし，事象 B を7以上の目が出るとします。このとき $P(A \cup B)$, $P(A \cap B)$, $P(B|A)$ を求めなさい。条件付き確率を考えるときは次のような表が役に立ちます。

	A	A^c
B	8	7 9
B^c	0 2 4 6	1 3 5

練習 56 歪みのないコインと歪みのないサイコロを同時に投げます。このときの根元事象を $\{(表, 1)\}, \{(裏, 1)\}, \cdots, \{(表, 6)\}, \{(裏, 6)\}$ のように表します。ここで，事象 A を「コインが表」とし，事象 B を「サイコロの目が3の倍数」とします。このとき $P(A \cup B)$, $P(A \cap B)$, $P(B|A)$ を求めなさい。また，事象 A と B が独立であることを示しなさい。

実際，コインを投げるという試行とサイコロを投げるという試行に関連はありませんので，これらの間の独立性は常に成り立ちます。

	A	A^c
B	(表, 3) (表, 6)	(裏, 3) (裏, 6)
B^c	(表, 1) (表, 2) (表, 4) (表, 5)	(裏, 1) (裏, 2) (裏, 4) (裏, 5)

ベン図も便利だけどこの表も便利だね

もも子さんとモモ太くんは次のような会話をしています。

> もも子「モモ太くん。クラスの男女で音楽が好きかどうかの確率が違うと思うの。」
> モモ太「そうだね。クラスの男子（25人）と女子（15人）に聞いてみようか？」

クラスの40人全員に聞いてみたところ次のような表にまとめることができました。

	男子	女子	合計
好き	10	10	20
好きではない	15	5	20
合計	25	15	40

> もも子「男子の10人と女子の10人が好きって回答したわ。男子は $\frac{2}{5}$ の確率で，女子は $\frac{2}{3}$ の確率で音楽が好きなのね。」
> 先　生「そのようなときは確率と言わず，割合と言うのだよ。」
> もも子・モモ太「どう違うのですか？」
> 先　生「音楽が好きな人が対象全体に対して実際にどの程度占めているかを示すのが割合だよ。確率は対象の中の誰かを選んだとき，その人が音楽を好きと答える可能性を示すものだよ。"クラス全体から1人を無作為に選び，音楽が好きかと聞いたら $\frac{1}{2}$ の確率で好きだと答えます"というように使うのだよ。私たちのクラスでいえば，選んだのが男子なら $\frac{2}{5}$，女子なら $\frac{2}{3}$ の確率で好きだと答えます，というようになるね。」

2. 確率変数と確率分布

ここでは，着目する現象に対して確率変数 X を定義し，その生じる結果を確率 $P(X=x)$ とともに示すことを理解しましょう。前項からの続きで，歪みのないサイコロ投げを考えます。前項では各目の出る確率を $P(\{1\})=P(\{2\})=P(\{3\})=P(\{4\})=P(\{5\})=P(\{6\})=\dfrac{1}{6}$ と表しました。同じことですが，サイコロの出る目を確率変数 X と表し，確率変数 X のとり得る値 x に対する確率 $P(X=x)$ を

$$P(X=1)=P(X=2)=P(X=3)=P(X=4)=P(X=5)=P(X=6)=\dfrac{1}{6}$$

と表します。さらに，これを1つの式で

$$P(X=x)=\dfrac{1}{6} \quad (x=1,\ 2,\ 3,\ 4,\ 5,\ 6)$$

のように表すことができます。これからは確率変数 X を用いた書き方をします。つまり，確率変数 X のとり得る値を $\{x_1,\ x_2,\ \cdots\}$ とするとき，確率変数 X のとり得る値 x_i ($i=1,\ 2,\ \cdots$) に対する確率 $P(X=x_i)$ は，

$$P(X=x_i)=f(x_i) \quad (i=1,\ 2,\ \cdots)$$

と表します。ここで，$f(x_i)$ ($i=1,\ 2,\ \cdots$) は確率関数といい，次の条件

(i) $0 \leqq f(x_i) \leqq 1$

(ii) $\displaystyle\sum_{i=1} f(x_i)=1$

を満たします。(i) は何かが起こる確率は0と1の間の値であること，(ii) はすべての確率の和は1であることを示しています。$\displaystyle\sum_{i=1}$ はうしろにあるものすべての和という意味です。

ここで示した確率変数 X は離散的な（とびとびの）値をとるもので，これを離散型確率変数といいます。一方，確率変数 X が連続的な値（実数）をとるときも同様に確率変数を定めることができ，これを連続型確率変数といいます。連続型確率変数に対する確率は積分を利用します。たとえば，高校 3 年生の男子の中から 1 人選び，その男子の身長が 170cm 以上 180cm 以下，つまり［170，180］である確率を求めたいとき，連続型確率変数 X に対して区間［a，b］の値をとる確率が

$$P(a \leq X \leq b) = \int_a^b f(x)dx$$

で表されるような非負関数 $f(x) \geq 0$ を考えます。この関数を確率密度関数といいます。このとき，条件（ii）に相当するものは

$$\int_{-\infty}^{\infty} f(x)dx = 1$$

となります。

離散型確率変数では $P(X=a) = \dfrac{1}{6}$ のように表しましたが，連続型確率変数では上のように区間［a，b］に対する確率 $P(a \leq X \leq b)$ を考えます。連続型確率変数の場合，$P(X=a)$ は幅のない区間［a，a］を考え，

$$P(X=a) = \int_a^a f(x)dx = 0$$

となります。連続型確率変数の積分は重要ですが，積分を解くことはありません。ここでは，積分が面積を示すことを理解しましょう。

確率分布とは，確率変数 X のとり得る値とそれらの確率との対応関係をいいます。歪みのないサイコロの出る目を確率変数 X と表すと，

$$P(X=1) = P(X=2) = P(X=3) = P(X=4) = P(X=5) = P(X=6) = \dfrac{1}{6}$$

でした。これは表 3.2.1 のように表現できます。これが確率分布です。表の $P(X=x)$ は簡単に P と表すこともあります。

表 3.2.1：サイコロの出る目の確率分布

X	1	2	3	4	5	6	合計
$P(X=x)$	1/6	1/6	1/6	1/6	1/6	1/6	1

サイコロの場合，1 から 6 のどの値に対しても $\frac{1}{6}$ という一様の確率で生じるので，このような離散型確率分布を離散一様分布といいます。

0 から 1 の実数を確率変数 X として乱数発生させることがありますが，このような連続型確率分布を連続一様分布といいます。一様分布は図 3.2.3 のような長方形です。幅が w の連続一様分布の高さは $\frac{1}{w}$ です。

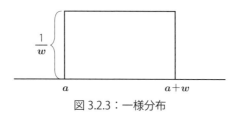

図 3.2.3：一様分布

連続型確率分布は，一般に，表 3.2.1 のような表の形で表現できないので，関数とグラフの形で示します。特に，次項の正規分布のグラフが重要です。いくつかの代表的な離散型，連続型確率分布には名前がついています。

離散型，連続型のどちらの確率分布に対しても，ある x より小さな値をとる確率を示す関数 $F(x)=P(X \leq x)$ を考えます。これらは累積分布関数（分布関数）といいます。1 章 1 節で説明した累積度数と考え方は同じです。

離散型確率分布の累積分布関数は，

$$F(x) = P(X \leq x) = \sum_{x_i \leq x} f(x_i)$$

連続型確率分布の累積分布関数は，

$$F(x) = P(X \leq x) = \int_{-\infty}^{x} f(\mu) d\mu$$

図 3.2.4 は離散型確率分布の確率関数と累積分布関数の例です。このように累積分布関数は階段状になります。これも1章1節の累積分布図の考え方と同じです。一般に，連続型確率分布の確率密度関数と累積分布関数は連続的でなめらかな形になります。このことについても次項の正規分布で説明します。

離散型と連続型のちがいを
理解することが重要だね

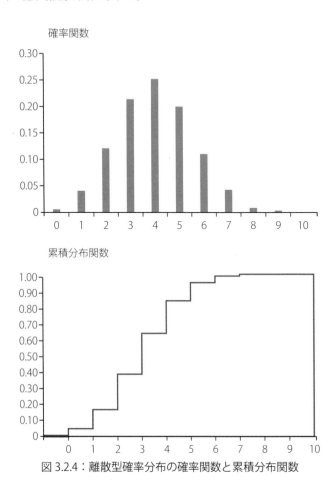

図 3.2.4：離散型確率分布の確率関数と累積分布関数

　確率変数 X と特定の確率分布 D に対応関係がある場合，確率変数 X は確率分布 D に従うといいます。たとえば，サイコロを 1 回投げるときの出る目を確率変数 X とすると，確率変数 X は「1 から 6 の値をとる離散一様分布に従う」といいます。この「従う」という言い方は統計学特有の用語ですが，頻繁に使用しますので覚えてください。

期待値と分散

確率変数 X の期待値は，確率変数 X が取るであろうと「期待される」値という意味で名づけられています。

> **離散型確率変数 X，連続型確率変数 X の期待値はそれぞれ，**
>
> $$\mu = E[X] = \sum_{i=1} x_i f(x_i)$$
>
> $$\mu = E[X] = \int_{-\infty}^{\infty} x f(x) dx$$
>
> **と定義されます。期待値 $E[X]$ は平均ともいいます。**

記号 μ（ミュー）は平均（mean）の頭文字 m に対するギリシャ文字です。

期待値（平均）の求め方が難しいように思われるかもしれません。離散型確率変数 X については，1 章 2 節にある「相対度数と平均値」で示した平均値の求め方と同じです。表 3.2.2 を用いて表 1.2.1 と比較してみましょう。表 1.2.1 の観測値と確率変数 X のとり得る値 x，相対度数と確率 $P(X=x)$ が対応すると考えればよいようですね。

表 3.2.2：サイコロの出る目の期待値（平均）

X	1	2	3	4	5	6	合計
P	1/6	1/6	1/6	1/6	1/6	1/6	1
XP	1/6	2/6	3/6	4/6	5/6	6/6	21/6

歪みのないサイコロの場合，表 3.2.2 から，期待値（平均）$\mu = \dfrac{21}{6} = \dfrac{7}{2}$ がわかります。連続型確率変数については積分を理解しないといけませんが，本書では離散型確率変数 X について理解できれば十分です。

次に，確率変数 X の「散らばりの尺度」である分散を定義します。分散は「平均 μ からの偏差の 2 乗」の期待値です。

> 離散型確率変数 X，連続型確率変数 X の分散はそれぞれ，
>
> $$\sigma^2 = E[(X-\mu)^2] = \sum_{i=1}(x_i-\mu)^2 f(x_i)$$
>
> $$\sigma^2 = E[(X-\mu)^2] = \int_{-\infty}^{\infty}(x-\mu)^2 f(x)dx$$
>
> と定義され，これらの正の平方根は**標準偏差**です。

記号 σ（シグマ）は s に対するギリシャ文字です。$E[(X-\mu)^2]$ は $V[X]$ と表すこともあるので注意してください。

1章4節の分散は「平均値 $\bar{x}$ からの偏差の2乗」を考えました。表記方法は異なりますが，確率変数 X の分散の考え方も同じです。離散型確率変数 X の分散も表を用いて計算すると便利です。表 3.2.2 に続けて表を作成しましょう。ここでは，$\mu = \dfrac{7}{2}$ を利用します。

表 3.2.3：サイコロの出る目の分散

X	1	2	3	4	5	6	合計
P	1/6	1/6	1/6	1/6	1/6	1/6	1
XP	1/6	2/6	3/6	4/6	5/6	6/6	21/6
$(X-\mu)^2$	25/4	9/4	1/4	1/4	9/4	25/4	
$(X-\mu)^2 P$	25/24	9/24	1/24	1/24	9/24	25/24	70/24

表 3.2.3 から，分散 $\sigma^2 = \dfrac{70}{24} = \dfrac{35}{12}$，標準偏差 $\sigma = \sqrt{\dfrac{35}{12}}$ となります。

分散 σ^2 は，

> $$\sigma^2 = E[(X-\mu)^2] = E[X^2] - \mu^2$$

と変形できるので，確率変数 X のところに X^2 を入れた期待値 $E[X^2]$ か

ら μ^2 を引いて求めることもできます。ここでも，歪みのないサイコロの出る目について期待値，分散，標準偏差を求めてみましょう。表 3.2.4 のような計算表を作成すると便利です。

表 3.2.4：サイコロ投げの期待値と分散を求める計算表

X	1	2	3	4	5	6	合計
P	1/6	1/6	1/6	1/6	1/6	1/6	1
XP	1/6	2/6	3/6	4/6	5/6	6/6	21/6
X^2	1	4	9	16	25	36	
X^2P	1/6	4/6	9/6	16/6	25/6	36/6	91/6

期待値 $\mu = \dfrac{21}{6} = \dfrac{7}{2}$ です。また，$E[X^2] = \dfrac{91}{6}$ なので，分散 $\sigma^2 = \dfrac{91}{6} - \left(\dfrac{7}{2}\right)^2 = \dfrac{35}{12}$，標準偏差 $\sigma = \sqrt{\dfrac{35}{12}}$ と同じ値になります。

先に述べたように本項で出てきた確率変数 X の期待値（平均）μ，分散 σ^2，標準偏差 σ は 1 章 2 節，4 節で説明した記述統計の平均値 $\bar{x}$，分散 s^2，標準偏差 s に対応します。一般に，確率分布の理論的な μ，σ^2，σ を母平均，母分散，母標準偏差，また，$\bar{x}$，s^2，s を標本平均，標本分散，標本標準偏差と表現し区別します。本書では必要に応じて，これらの用語を用います。

統計学では母平均（真値）などを知りたいのですが，全数調査が難しいとき，標本調査を行います。図 3.2.5 は図 3.1.1 を書き換えたものです。

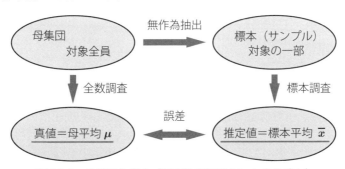

図 3.2.5：母集団と標本（母平均を知りたいときの流れ）

練習 57 $P(X=1)=P(X=2)=P(X=3)=\dfrac{1}{3}$ である確率変数 X の期待値，分散，標準偏差を求めなさい。

X	1	2	3	合計
P				
XP				

$(X-\mu)^2$				
$(X-\mu)^2 P$				

練習 58 $P(X=1)=P(X=2)=1/4$，$P(X=3)=\dfrac{1}{2}$ である確率変数 X の期待値，分散，標準偏差を求めなさい。

X	1	2	3	合計
P				
XP				

X^2				
$X^2 P$				

ここでも表が役に立つね

3. 二項分布と正規分布

　統計学を学ぶ上で必須である二項分布と正規分布について説明します。二項分布と正規分布は，それぞれ離散型確率分布と連続型確率分布の代表的なものです。本節の最後に，二項分布の近似としての正規分布について述べます。

二項分布

2種類の結果がある試行の確率について考えます。たとえば，コインの表裏，サイコロの目が6の目かそれ以外の目か，おみくじが大吉か否かなどです。統計学では2種類の結果を「成功」と「失敗」と表現することが多く，それぞれを「1」と「0」の数値によって表します。一般に，成功の確率を $p\,(0 \leq p \leq 1)$ とすると，失敗の確率は $1-p$ になります。

成功確率 p が一定で，各回の試行結果が互いに独立である（影響し合わない）ような試行を独立試行といいます。成功確率 p の独立試行を n 回行ったときの成功回数を確率変数 X と表します。このとき，成功回数が x，失敗回数が $n-x$ である確率，すなわち，成功の回数 $X=x$ に対する確率関数は，

$$P(X=x) = f(x) = {}_n C_x p^x (1-p)^{n-x} \quad (x=0,\ 1,\ 2,\ \cdots,\ n)$$

となります。この式の ${}_n C_x$ は，n 回中，成功が x 回生じる「場合の数」です。たとえば，4回中2回成功するパターンは次の ${}_4 C_2 = 6$ 通りです。

〇〇××, 〇×〇×, 〇××〇, ×〇〇×, ×〇×〇, ××〇〇

x 回は成功し，残り $n-x$ 回は失敗となる特定の試行が生じる確率は $p^x(1-p)^{n-x}$ です。たとえば，成功確率が $p=\dfrac{1}{3}$ の独立試行を4回くり返すとき，×〇〇× という結果になる確率は $\left(\dfrac{1}{3}\right)^2 \left(1-\dfrac{1}{3}\right)^{4-2} = \dfrac{2^2}{3^4}$ です。

これらを掛け合わせることによって，n 回中 x 回成功する確率が求まります。成功の回数 X の確率分布を二項分布といい，記号 $B(n,\ p)$ と表します。

二項分布に従う確率変数 X の期待値と分散は，

$$\mu = E[X] = np$$

$$\sigma^2 = E[(X-\mu)^2] = np(1-p)$$

です。図 3.2.4 は二項分布 $B(10, 0.4)$ です。このとき，期待値$=\mu=10 \times 0.4 = 4$，分散$=\sigma^2 = 10 \times 0.4 \times 0.6 = 2.4$ となります。

もも子さんとモモ太くんと先生が次のような会話をしています。

> もも子「モモ太くん。二項分布って面倒ね。」
> モモ太「そうだね。ここに赤玉が 3 つ，青玉が 2 つあるから考えてみようか？」
> もも子「赤玉を出したら"成功"とすると，成功の確率は $\frac{3}{5}$ だよね。1 つ選んで，元に戻せば成功の確率は変わらないよね。これを独立試行っていうのかな？」
> モモ太「うん！ 5 回繰り返すと，赤玉が 3 つ，青玉が 2 つくらい出るような気がする。」
> もも子「どうして？」
> モモ太「うまく言えないけど，成功確率が $\frac{3}{5}$ だから，5 回繰り返したら，$5 \times \frac{3}{5}$ で 3 かなって…」
> 先　生「その考え方でいいんだよ。期待値の計算はその通りだね。分散は難しいから今は覚えることにしよう。$5 \times \frac{3}{5} \times \frac{2}{5}$ で $\frac{6}{5}$ だよ。」
> もも子・モモ太「3 回赤玉が出る確率はどう計算するのですか？」
> 先　生「3 回出るって，どのように出るのか考えてみよう。○を赤，●を青とすると…」

○○○●●, ○○●○●, ○○●●○, ○●○○●, ○●○●○,
○●●○○, ●○○○●, ●○○●○, ●○●○○, ●●○○○

もも子・モモ太「10 通りあるね。」

先　生「この計算は $_5C_3 = \dfrac{5!}{3!(5-3)!}$ で計算できるんだよ。」

もも子・モモ太「それぞれは○が 3 個で●が 2 個なので，

$\left(\dfrac{3}{5}\right)^3 \left(1-\dfrac{3}{5}\right)^{5-3}$ ってことなのですね。」

先　生「これを合わせると $_5C_3 \left(\dfrac{3}{5}\right)^3 \left(1-\dfrac{3}{5}\right)^{5-3}$ ってことだね。よくできました。」

練習 59 次の確率の計算式（$_\Box C_\Box\, p^\Box (1-p)^\Box$ の形の式）と期待値および分散をそれぞれ求めなさい。

(1) 歪みのないコインを 10 回投げた場合の表が 3 回出る確率の計算式，10 回の試行で表が出る回数の期待値および分散

(2) 歪みのないサイコロを 10 回投げた場合の 1 の目が 3 回出る確率の計算式，10 回の試行で 1 の目が出る回数の期待値および分散

(3) あるくじ引きの当たりの確率は $\dfrac{1}{6}$ である。このくじを引いては元に戻すこととし 12 回引く。このとき，当たりが 4 回出る確率の計算式，12 回の試行で当たりが出る回数の期待値および分散

正規分布

統計学で用いる分析のなかで最も重要な連続型確率分布が**正規分布（ガウス分布）**です。正規分布の確率密度関数は，

$$f(x) = \dfrac{1}{\sqrt{2\pi\sigma^2}} \exp\left(-\dfrac{(x-\mu)^2}{2\sigma^2}\right) \quad (-\infty < x < \infty)$$

となり，平均 μ と分散 σ^2 によって決まるので，記号 $N(\mu, \sigma^2)$ と表します。正規分布の式は難しいです。式を覚えるよりも正規分布の特徴を理解することが重要です。図 3.2.6(1) は正規分布 $N(\mu, \sigma^2)$ の確率密度関数の概形です。特徴を列挙します。

- $x=\mu$ を中心にして左右対称です。
- 山型で $x=\mu$ において最大値をとる滑らかな曲線です。
- 左右に裾を長く引くベルカーブ（ヨーロッパのベルの形）です。
- 横軸とグラフで囲まれる面積は 1 です。

確率変数 X が正規分布に従うとき，X が $(\mu-\sigma, \mu+\sigma)$ に入る確率は約 68％，$(\mu-2\sigma, \mu+2\sigma)$ に入る確率は約 95％，$(\mu-3\sigma, \mu+3\sigma)$ に入る確率は約 99.7％です。これを 68-95-99.7 ルール といいます。

また，図 3.2.6(2) は正規分布 $N(\mu, \sigma^2)$ の累積分布関数の概形です。0 から 1 までの値をとる単調増加関数です。確率密度関数の山になるところで累積分布図の傾きが急になります。また，$x=\mu$ において半分の 0.5 になります。

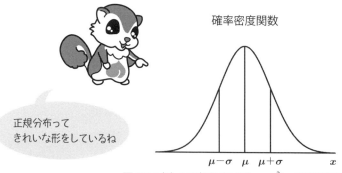

正規分布ってきれいな形をしているね

図 3.2.6(1)：正規分布 $N(\mu, \sigma^2)$ の確率密度関数

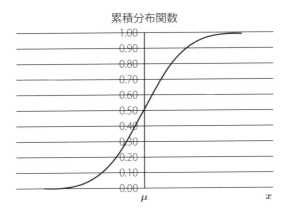

図 3.2.6(2):正規分布 $N(\mu, \sigma^2)$ の累積分布関数

正規分布には次のような性質があります。

> 1) 確率変数 X が正規分布 $N(\mu, \sigma^2)$ に従うとき,X の 1 次関数 $aX+b$ は正規分布 $N(a\mu+b, a^2\sigma^2)$ に従う。
> 2) 1) の特殊な場合として
> $$Z = \frac{X-\mu}{\sigma}$$
> と変換すると,Z は平均 0,分散 1 の正規分布 $N(0, 1)$ に従う。
> 3) **ド・モアブル=ラプラスの定理**:n が大きいとき,二項分布 $B(n, p)$ は,正規分布 $N(np, np(1-p))$ で近似できる。

2) の $N(0, 1)$ を**標準正規分布**といいます。Z の形の変換を**標準化**といい,1 章 5 節 2 項の標準化と考え方は同じです。

標準正規分布の確率密度関数 $\phi(z)$ は,$f(x)$ に $x=z$,$\mu=0$,$\sigma=1$ を代入すると求めることができます。つまり,

$$\phi(z) = \frac{1}{\sqrt{2\pi}} \exp\left(-\frac{z^2}{2}\right) \quad (-\infty < z < \infty)$$

となります。また，u より小さい値をとる確率を示す累積分布関数は，

$$\Phi(u) = \int_{-\infty}^{u} \frac{1}{\sqrt{2\pi}} \exp\left(-\frac{z^2}{2}\right) dz$$

と表します。

　さらに，標準正規分布について，本書は図 3.2.7 の上側確率 $Q(u)=1-\Phi(u)$ の値を付表で示しています。標準化とこの表から，任意の平均，分散（または，標準偏差）をもつ正規分布の下側，上側，内側，外側の確率を求めることができます。

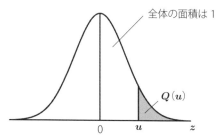

図 3.2.7：標準正規分布の上側確率 $Q(u)$

正規分布と確率の計算

標準正規分布 $N(0, 1)$ の確率

　はじめに，標準正規分布 $\phi(z)$ について $P(Z \geq 1.23)$ の確率を求めてみましょう。表 3.2.5 は付表の一部です。まず，表 3.2.5 の左側の数値から 1.2 を探します。次に横に 4 つ（上側の 0.03 のところまで）進めます。その値 0.1093 が図 3.2.7 のグレー部分の面積です。つまり，

$$P(Z \geq 1.23) = 0.1093$$

です。付表の引き方がわかったでしょうか？

表 3.2.5：標準正規分布の上側確率（一部）

u	.00	.01	.02	.03	.04	.05	.06	.07	.08	.09
0.0	0.5000	0.4960	0.4920	0.4880	0.4840	0.4801	0.4761	0.4721	0.4681	0.4641
0.1	0.4602	0.4562	0.4522	0.4483	0.4443	0.4404	0.4364	0.4325	0.4286	0.4247
0.2	0.4207	0.4168	0.4129	0.4090	0.4052	0.4013	0.3974	0.3936	0.3897	0.3859
0.3	0.3821	0.3783	0.3745	0.3707	0.3669	0.3632	0.3594	0.3557	0.3520	0.3483
0.4	0.3446	0.3409	0.3372	0.3336	0.3300	0.3264	0.3228	0.3192	0.3156	0.3121
0.5	0.3085	0.3050	0.3015	0.2981	0.2946	0.2912	0.2877	0.2843	0.2810	0.2776
0.6	0.2743	0.2709	0.2676	0.2643	0.2611	0.2578	0.2546	0.2514	0.2483	0.2451
0.7	0.2420	0.2389	0.2358	0.2327	0.2296	0.2266	0.2236	0.2206	0.2177	0.2148
0.8	0.2119	0.2090	0.2061	0.2033	0.2005	0.1977	0.1949	0.1922	0.1894	0.1867
0.9	0.1841	0.1814	0.1788	0.1762	0.1736	0.1711	0.1685	0.1660	0.1635	0.1611
1.0	0.1587	0.1562	0.1539	0.1515	0.1492	0.1469	0.1446	0.1423	0.1401	0.1379
1.1	0.1357	0.1335	0.1314	0.1292	0.1271	0.1251	0.1230	0.1210	0.1190	0.1170
1.2	0.1151	0.1131	0.1112	0.1093	0.1075	0.1056	0.1038	0.1020	0.1003	0.0985
1.3	0.0968	0.0951	0.0934	0.0918	0.0901	0.0885	0.0869	0.0853	0.0838	0.0823
1.4	0.0808	0.0793	0.0778	0.0764	0.0749	0.0735	0.0721	0.0708	0.0694	0.0681
1.5	0.0668	0.0655	0.0643	0.0630	0.0618	0.0606	0.0594	0.0582	0.0571	0.0559
1.6	0.0548	0.0537	0.0526	0.0516	0.0505	0.0495	0.0485	0.0475	0.0465	0.0455
1.7	0.0446	0.0436	0.0427	0.0418	0.0409	0.0401	0.0392	0.0384	0.0375	0.0367
1.8	0.0359	0.0351	0.0344	0.0336	0.0329	0.0322	0.0314	0.0307	0.0301	0.0294
1.9	0.0287	0.0281	0.0274	0.0268	0.0262	0.0256	0.0250	0.0244	0.0239	0.0233

次に $P(Z \leq 1.23)$ を求めてみましょう。これは図 3.2.7 の白い部分の面積の値なので，$1-P(Z \geq 1.23)=1-0.1093=0.8907$ となります。さらに，$P(Z \leq -1.23)$ はどうでしょうか？　正規分布は左右対称なので，$P(Z \leq -1.23)=P(Z \geq 1.23)=0.1093$ となります。$P(|Z| \geq 1.23)$ についても左右対称であることを用いて，$P(|Z| \geq 1.23)=2 \times P(Z \geq 1.23)=2 \times 0.1093=0.2186$ となります。このように，図 3.2.7 のグレー部分の値を工夫することで，どのような確率も計算できます。

逆に，$P(Z \geq z)=0.20$ になる z を求めてみましょう。表 3.2.5 の 0.500 から始まる数値の中で 0.20 に一番近いところを探します。0.2005 が一番近いですね。この値の左端の数値 0.8 と上側の数値 0.04 を足して，0.84 と求めます。つまり，$P(Z \geq 0.84)=0.20$ となります。

標準正規分布について，しばしば参照される確率があります。これらは覚えておくと便利です。

$$P(Z≧1.28)=0.10,\quad P(Z≧1.645)=0.05,\quad P(Z≧1.96)=0.025$$
$$P(-1.645≦Z≦1.645)=0.90,\quad P(-1.96≦Z≦1.96)=0.95$$

一般の正規分布 $N(\mu, \sigma^2)$ の確率

一般の正規分布に対する確率を考えるときは標準化を考えます。たとえば，平均 50，分散 10^2 の正規分布 $N(50, 10^2)$ について $P(X≧70)$ を求めてみましょう。

$$P(X≧70)=P\left(Z≧\frac{70-50}{10}\right)=P(Z≧2)=0.0228$$

標準化

となります。第 1 辺は $N(50, 10^2)$ における確率です。第 1 辺から第 2 辺の書き換えが標準化を意味します。第 3 辺以降は標準正規分布 $N(0, 1)$ の確率を求めることになります。

二項分布の正規分布近似

正規分布の性質 3) から，二項分布 $B(n, p)$ の確率を正規分布 $N(np, np(1-p))$ を用いて求める方法を紹介します。たとえば，確率変数 X が二項分布 $B(50, 0.4)$ に従うとき，$P(X=25)≒0.0405$ です。この確率を手計算で求めることはほぼ不可能です。そこで，まず，二項分布 $B(50, 0.4)$ の平均$=50×0.4=20$，分散$=50×0.4×(1-0.4)=12$ を求めます。次に，確率変数 Y が従う正規分布 $N(20, 12)$ を考えます。実際は，次のような変形を行うことで求めることができます。

$$P(X=25) \fallingdotseq P(24.5 \leq Y < 25.5)$$

（正規分布近似　標準化）

$$= P\left(\frac{24.5-20}{\sqrt{12}} \leq Z < \frac{25.5-20}{\sqrt{12}}\right)$$

$$= P(1.30 \leq Z < 1.59) = 0.0968 - 0.0559 = 0.0409$$

　第 1 辺は二項分布における確率です。第 1 辺から第 2 辺の書き換えが正規分布近似を意味します。この式変形では，離散型確率分布から連続型確率分布であるための修正（連続修正という）を行っています。これは，離散的な値 $X=25$ を連続的な値と見なすために，24.5 以上 25.5 未満の範囲にあると考える，ということです。第 3 辺以降は標準化 Z へ変換し，標準正規分布の表を用いて値を導出します。

練習60

（1）確率変数 Z が標準正規分布 $N(0, 1)$ に従うとき，次の確率をそれぞれ求めなさい。

　$P(Z \geq 1.35)$，　$P(Z \geq -1.35)$，　$P(|Z| \leq 1.35)$

（2）確率変数 X が正規分布 $N(60, 25)$ に従うとき，次の確率をそれぞれ求めなさい。

　$P(X \geq 68)$，　$P(X \leq 68)$，　$P(68 \leq X \leq 70)$

次の式の変換は，確率変数 X が二項分布 $B(100, 0.2)$ に従うとき，$P(X \geqq 30)$ の確率を正規分布を用いて求めるものです。□ に値を入れなさい。

近似に用いる正規分布は $N(\Box, \Box)$ です。確率変数 Y が $N(\Box, \Box)$ に従い，確率変数 Z が $N(\Box, \Box)$ に従うとき，

$$P(X \geqq 30) \fallingdotseq P(Y \geqq 29.5) = P\left(Z \geqq \frac{\Box - \Box}{4}\right) = P(Z \geqq \Box) = \Box$$

となる。

二項分布の確率を
正規分布で近似するって
おもしろいね

確率とギャンブル

　確率の誕生はギャンブルからと言われています。その理由は『パスカルとフェルマーの往復書簡』(1654年) にあります。この書簡では，シュヴァリエ・ド・メレという人物から出された「サイコロ問題」と「分配問題」が議論されています。メレがパスカルに提示した「サイコロ問題」についてパスカルは次のように書いています。

「メレは，

　① "1つのサイコロを4回投げて，6の目が出れば自分の勝ち"

　② "2つのサイコロを24回投げて，6-6のゾロ目が出れば自分の勝ち"

というルールの賭けを考案し，賭けていたが，①では勝てて，②では勝てなかったと言ってきた。メレはそれぞれについて次のように確率を考えていたようだ。

　①の "6の目が出る確率は1/6" で，②の "6-6のゾロ目が出る確率は1/36" なのだから，それぞれ4回，24回投げたら，同じ確率で勝てるのではないか？　つまり，1/6×4＝4/6＝2/3，1/36×24＝24/36＝2/3で同じではないか？」

　これに対し，パスカルは，「ある目が出る確率から計算するのではなく，出ない確率から計算する」のだと考え，書簡では①の問題について，671対625で勝つことを計算し示しています。

　実際にこれらのルールで勝つ確率を解くと，① $1-(5/6)^4=0.518$，② $1-(35/36)^{24}=0.491$ となります。このわずかな差が経験的にわかるほど，メレは賭け事をしていたということです。

3 推測統計

　母集団に関する様々なことが知りたいという要求があります。たとえば，内閣支持率のような政治に関すること，ある商品の普及率のようなマーケティングに関することなどです。それらのいくつかは統計学の手法を用いて考察できます。そのためには，今まで学んだ確率，確率変数，確率分布の知識が必要です。もう一度，ここまでの内容を確認してください。

　推測統計の手法には，統計を用いた科学的な検証としての統計的仮説検定（以下，簡単に仮説検定という）と統計的推定（以下，推定という）があります。仮説検定や推定には多種多様な手法がありますが，ここでは，比率に関する仮説検定と比率の信頼区間について触れます。

1．仮説検定

　もも子さんとモモ太くんはコイントスをして遊んでいました。もも子さんが10回コイントスをしたら，9回表が出ました。そのときの会話です。

> もも子「わー，このコインおかしい。表が出やすいコインだわ。」
> モモ太「そんなはずないよ。9回くらい珍しくないことだよ。ふつうのコインだよ。」
> もも子「9回も出るなんて，めったに起こらないことよ！　やっぱり表が出やすいコインよ！！」

　もも子さんは「表が出やすいコイン」と主張したいようです。最後の2

人の意見の相違はなぜ出てきたのでしょうか。それは,「めったに起こらないこと」や「珍しくないこと」が指す意味が数値化されていないからです。この意味が曖昧なまま議論をするともめることになります。そこで,ここでは「確率 0.05（5％）以下でしか起こらないこと」をめったに起こらないこととしてみましょう。

歪みのないコインならば, 10 回コイントスをして表が出る回数を確率変数 X とすると, X は二項分布 $B(10, \frac{1}{2})$ に従います。$X=x$ となる確率は $_{10}C_x \left(\frac{1}{2}\right)^x \left(\frac{1}{2}\right)^{10-x}$ と表されます。表 3.3.1 はそれぞれを計算したものです。

表 3.3.1：表が出る確率

X	0	1	2	3	4	5	6	7	8	9	10	計
確率	0.001	0.010	0.044	0.117	0.205	0.246	0.205	0.117	0.044	0.010	0.001	1.000

表 3.3.1 から次のような計算ができます。

　　10 回表が出る確率は, 0.001＝0.1％

　　9 回以上表が出る確率は 0.001＋0.010＝0.011＝1.1％

　　8 回以上表が出る確率は 0.001＋0.010＋0.044＝0.055＝5.5％

9 回表が出る確率は 0.010（1.0％）ですが, 実際に 9 回表が出たときには, それよりも悪い状況も含め 9 回以上表が出る確率を計算します。つまり 0.011（1.1％）です。「確率 0.05（5％）以下でしか起こらないことが起こった」ので,「めったに起こらないことが起こった」といっていいでしょう。

仮説検定の手順

このような考え方を仮説検定といいます。いくつかの言葉の定義と仮説検定の考え方を説明します。

1）帰無仮説，対立仮説を立てる

仮説には帰無仮説 H_0 と対立仮説 H_1 があります。もも子さんの主張「表が出やすいコイン」という意味は「本来，歪みのないコインの表の出る確率 p は 0.5 であるにもかかわらず，0.5 より大きいコインではないか」ということですので，次のように仮説を作ります。

$$H_0 : p=0.5, \quad H_1 : p>0.5$$

一般に，何かおかしいのでは？ と思っていることが対立仮説 H_1 なのですが，無に帰することを期待して立てる帰無仮説 H_0 を先に立てます。

2）有意水準を決める

「めったに起こらない」という基準になっている値を決めます。これを有意水準といい，α で表します。先ほどのコイントスの例では $\alpha=0.05$ としました。有意水準としては $\alpha=0.1$，$\alpha=0.05$，$\alpha=0.01$ を用いることが多いです。また，「有意水準 0.05」という言い方より「有意水準 5％」という言い方のほうがよく耳にします。

3）帰無仮説のもとで，棄却域を決める

もし，帰無仮説が正しいのなら（これを，「帰無仮説のもとで」といいます），「めったに起こらないこと」の限界を計算します。コイントスの例でいえば，8 回以上表が出る確率が 5.5％，9 回以上表が出る確率が 1.1％なので，8 回までは「めったに起こらないことが起こったとは言い切れない」，9 回以上は「めったに起こらないことが起こったと言える」範囲と決めます。つまり，$X \geqq 9$ がその範囲で，これを棄却域といいます。

4）判断をする

コイントスの例では，$X=9$ でした。つまり，調査（実験）結果は棄却域に入っているので，帰無仮説は成り立たず，めったに起こらないことが起こったといえます。この判断を，「帰無仮説を棄却する」といい，「表

が出やすいコインである」と判断します。もし，7回表が出たとすると，このときは「帰無仮説を棄却しない（受容する）」といい，「表が出やすいコインであるかどうかはわからない」と判断します。棄却しないこと＝帰無仮説が正しい，と積極的に主張しているのではありません。このことは仮説検定において注意しなければならないことです。

仮説検定の手順を再度まとめます。

(step.1) 帰無仮説，対立仮説を立てる
(step.2) 有意水準を決める
(step.3) 帰無仮説のもとで棄却域を求める
(step.4) 調査（実験）の結果より，
　　　　棄却域に入れば帰無仮説を棄却する
　　　　棄却域に入らなければ帰無仮説を棄却しない（受容する）

片側検定と両側検定

仮説検定の手順で示した

$$H_0 : p = 0.5, \quad H_1 : p > 0.5$$

に基づく仮説検定を片側検定といいます。コイントスの例では表が出やすいのでは？　と疑っていますが，裏の場合も含めてどちらかが出やすいのでは？　と疑う場合は対立仮説を書き換え

$$H_0 : p = 0.5, \quad H_1 : p \neq 0.5$$

とします。これらの仮説に基づく仮説検定を両側検定といいます。
　コイントスの例を用いて，有意水準を5％として両側検定をしてみま

しょう。表 3.3.1 から，1 回以下または 9 回以上表が出る確率が $0.011 \times 2 = 0.022$ で 5% より小さく，棄却域は $X \leq 1$, $X \geq 9$ の両側にあります。

今度はコイントスの例を用いて，有意水準を 1% として片側検定をしてみましょう。このときの帰無仮説と対立仮説は $H_0 : p=0.5$, $H_1 : p>0.5$ です。表 3.3.1 から，棄却域は $X \geq 10$ すなわち $X=10$ のみとなります。$X=9$ は棄却域に入っていないので，帰無仮説は棄却できません。このように，有意水準によって棄却できたり，できなかったりするので，調査（実験）をはじめる前に有意水準は決めておかなくてはなりません。結果が出てから有意水準を決めるという，後出しジャンケンはいけません。

練習 62 あるサイコロの 1 の目が出やすいのではと思った A さんは，このことを有意水準 1% の片側検定で考察することにしました。実際，サイコロを 8 回投げたら 1 の目が 4 回出ました。次の問の □ に数式または言葉を入れなさい。

(1)「サイコロの 1 の目が出る確率は $p=\dfrac{1}{6}$ である」を帰無仮説とし，1 の目が出やすいのではと考えている。このとき，

帰無仮説 H_0：□□□□□で，対立仮説 H_1：□□□□□である。

サイコロを 8 回投げて 1 の目の出る回数を X とすると $X=x$ となる確率は $_8C_x \left(\dfrac{1}{6}\right)^x \left(\dfrac{1}{6}\right)^{8-x}$ で表され，計算すると次の表のようになる。

X	0	1	2	3	4	5	6	7	8	計
確率	0.233	0.372	0.260	0.104	0.026	0.004	0.000	0.000	0.000	1.000

(2) 帰無仮説のもとでの有意水準 1% の棄却域を求めると □□□□□ となる。

(3) $X=4$ はこの棄却域に入って_____ので，H_0 は棄却_____。
1 の目が出やすいといえ_____。

練習 63 【練習62】を，有意水準5%で片側検定するとどうなりますか。

> もも子「ねぇ，このコインもおかしい。表が出やすいわ。」
> モモ太「そうなの。今度は100回投げてみようか？ 今習った仮説検定を使ってみよう！ 有意水準は5%で片側検定でいいよね。」
> 100回投げてみて…
> もも子「60回表が出たわ。やっぱり，表が出やすいコインではないのかな？」
> モモ太「さっきと同じように「表が出る確率」の表を書こうとすると，0から100まであるから大変だぞ！」
> 先　生「難しい問題になったね。二項分布の正規分布近似を使って考えよう。」

歪みのないコインならば，100回のコイントスで表が出る回数（確率変数）X は二項分布 $B(100, 0.5)$ に従います。$n=100$ は大きいので，$B(100, 0.5)$ の代わりに正規分布 $N(100 \times 0.5, 100 \times 0.5 \times 0.5) = N(50, 25)$ に従う確率変数 Y を用いて求めます。つまり

連続修正　　標準化
$$P(X \geqq 60) \fallingdotseq P(Y \geqq 59.5) = P\left(Z \geqq \frac{59.5 - 50}{5}\right) = P(Z \geqq 1.9) = 0.0287$$

となり，0.05 より小さな値なので，帰無仮説は棄却されます。表が出やすいコインと言えます。

次に，棄却域について考えてみましょう。$P(Z \geqq 1.645) = 0.05$ である

ことから上の変形の逆をたどります。

$$P(Z \geqq 1.645) = P(Y \geqq 1.645 \times 5 + 50)$$
$$= P(Y \geqq 58.225) \fallingdotseq P(X \geqq 58.725)$$

これより，$X \geqq 59$ が棄却域となります。

練習 64 あるサイコロの1の目が多く出るのではと思ったAさんは，サイコロの1の目が出る確率 $p = \dfrac{1}{6}$ を帰無仮説とし，このことを有意水準5％の片側検定で考察することにしました。実際，サイコロを180回投げたら1の目が35回出ました。次の問の□に数式または言葉を入れなさい。

（1）180回サイコロを投げた場合，1の目が出る回数（確率変数）X は二項分布 $B(\boxed{}, \boxed{})$ に従うので，確率変数 Y が従う正規分布 $N(\boxed{}, \boxed{})$ を用いて求める。つまり

$$P(X \geqq \Box) \fallingdotseq P(Y \geqq \Box) = P\left(Z \geqq \dfrac{\Box - \Box}{\Box}\right) = P(Z \geqq \Box) = \Box$$

となる。ここで，確率変数 Z は標準正規分布 $N(0, 1)$ に従う。

（2）0.05より $\boxed{}$ 値なので，帰無仮説は棄却 $\boxed{}$ 。1の目が出やすいとはいえ $\boxed{}$ 。

（3）棄却域は次のように式を変換し，$P(Z \geqq 1.645) = 0.05$ であることから上の変形の逆をたどる。

$$P(Z \geqq 1.645) = P(Y \geqq \boxed{} \times \boxed{} + \boxed{})$$
$$= P(Y \geqq \boxed{}) \fallingdotseq P(X \geqq \boxed{})$$

これより，$X \geqq \boxed{}$ が棄却域となる。

2種類の過誤と検出力

「統計学的に正しい」ことは100%の確率で示すことはできません。仮説検定による検証では次に述べる2種類の過誤が生じる可能性（危険性）があります。統計学的に何かが認められた（わかった）という結論を受け入れるには，どのような手続きによってどこまで論証されたかを確認すべきです。そのためには，表3.3.2の2種類の過誤の考え方を正しく理解することが重要です。

第1種の過誤

帰無仮説 H_0 が正しいにもかかわらず，帰無仮説を棄却する誤りを第1種の過誤といい，その確率を α と表します。有意水準は α の最大値です。繰り返しになりますが，「帰無仮説を棄却しない」ことは「帰無仮説を棄却するに足る十分な証拠がない」ことであり，決して積極的に帰無仮説を受け入れ，帰無仮説を正しいといっているのではありません。

第2種の過誤と検出力

対立仮説 H_1 が正しいにもかかわらず，帰無仮説 H_0 を棄却しない（受容する）誤りを第2種の過誤といい，その確率を β と表します。対立仮説が正しいときには帰無仮説を棄却するのが正しい判断です。この正しい判断を行う確率を検出力といいます。つまり，検出力は $1-\beta$ で求めることができます。

β を求めるためには対立仮説 H_1 を特定する必要があります。たとえば，母集団が二項分布 $B(n, p)$ に従う場合，帰無仮説 H_0：$p=0.5$，対立仮説 H_1：$p=0.6$ のように対立仮説も具体的に決めないと第2種の過誤や検出力は求めることができません。実際は対立仮説の具体的な値はわからないので，対立仮説 H_1：$p=p_0$ に対して p_0 をいくつか想定し，どの程度の

第2種の過誤が生じるのか，または，どの程度の検出力が想定されるかを計算します。

表 3.3.2：2種類の過誤

判断	H_0 が正しい	H_1 が正しい（H_0 は誤り）
H_0 を棄却	第1種の過誤 $\alpha = P(棄却\|H_0)$	正しい判断 検出力＝$1-\beta = P(棄却\|H_1)$
H_0 を受容	正しい判断	第2種の過誤 $\beta = P(受容\|H_1)$

第1種の過誤を「あわて者の誤り」
第2種の過誤を「ぼんやり者の誤り」
ともいうよ

2．区間推定

もも子さんとモモ太くんは昨日のドラマについて話しています。

もも子「昨日のドラマ，面白かったわね。」

モモ太「僕も見たから，視聴率は100％だね。」

もも子「えぇ！ 2人だけ調べてもダメなんじゃない。多くの人に聞かなくっちゃ！」

モモ太「じゃ，視聴率が○○％ってどうやって調べているの？ 全世帯を調べないといけないのかな。」

もも子「そんなの無理だわ。調査する世帯数は決まっていると思うの。でも，どのくらいかしら？」

モモ太「そもそも，視聴率ってどのくらい信じられるの？」

ビデオリサーチによると，関東地区の視聴率は約1800万世帯という大きな母集団から900世帯を標本抽出し，各家庭に機材をおいて調査しています。母集団と比較して，そんな小さな割合（0.005％！）で大丈夫なのかと心配になります。ここは統計学の力を借りて確認しましょう。

n世帯の中でこのドラマを見ていた世帯数を確率変数Xとします。視聴世帯数Xは二項分布$B(n, p)$に従います。ここで，pは母集団の視聴率（真値）です。nが大きいので正規分布$N(np, np(1-p))$で近似できます。900世帯中180世帯が見ていたなら，視聴率は$\hat{p}=180/900=0.2$と推定できます。このように1つの値で推定することを**点推定**といいます。統計学では真値pに対して推定した値は$\hat{p}$（ハット）をつけます。

ここではもう1つの推定方法である**区間推定**について説明します。区間推定はある程度の幅をもたせて$0.17 \leq p \leq 0.23$のように求めることです。

$\hat{p}=X/n$も確率変数で，3章2節の正規分布の性質1）から$N(p, p(1-p)/n)$に近似的に従います。具体的には性質1）で$a=\dfrac{1}{n}$, $b=0$を代入します。$\hat{p}$を利用して$N(p, \hat{p}(1-\hat{p})/n)$とさらに近似します。次に，

$$Z = \frac{\hat{p}-p}{\sqrt{\dfrac{\hat{p}(1-\hat{p})}{n}}}$$

と標準化し，$P(|Z| \leq 1.96)=0.95$に代入します。式を書き直すことによって，次のような区間推定を行います。

$$\hat{p}-1.96\sqrt{\frac{\hat{p}(1-\hat{p})}{n}} \leq p \leq \hat{p}+1.96\sqrt{\frac{\hat{p}(1-\hat{p})}{n}}$$

この区間を95％信頼区間といいます。$n=900$と$\hat{p}=0.2$を代入すると，

$$0.2 - 0.026 \leq p \leq 0.2 + 0.026$$

となり，つまり，$0.174 \leq p \leq 0.226$ が求まります。この式が表す興味深い点は，信頼区間が「母集団の大きさに関係なく，標本の大きさで決まる」ということです。これは 3 章 1 節の標本調査のコラム内〈ポイント 2〉のことです。

上の式において，$\sqrt{n}$ が分母にあることからわかるように，標本の大きさを k^2 倍にすると区間の幅は $\dfrac{1}{k}$ 倍になります。たとえば，信頼区間の幅を半分の $\dfrac{1}{2}$ にするには標本の大きさを 4 倍にすればよいのです。

ここでは，区間推定として視聴率を取り上げました。このように何かの比率について区間推定をすることは多く，いくつかの国では大統領などの支持率の推定として区間推定を示しています。母平均や母分散についても区間推定をすることがありますが，本書では取りあげませんので，他書を参考にしてください。

注意！　仮説検定と区間推定の誤解

仮説検定の有意水準 5% の意味は間違う確率が 5% ということではありません。標本を 1 回抽出すると 1 つの仮説検定の結果が得られます。同じ条件で 100 種の標本の抽出を繰り返すことができるなら（実際はできませんが），それに応じて 100 回の仮説検定が可能になります。その 100 の仮説検定のうち，約 5 回の結果において，帰無仮説が正しいにもかかわらず棄却してしまうという意味です。

また，95% 区間推定とは真値がこの区間に入っている確率が 95% であるということではありません。標本を 1 回抽出すると $\hat{p}$ は 1 個得られ，それに応じてこの信頼区間も 1 つ得られます。同じ条件で 100 種の標本の抽出を繰り返すことができるなら（実際はできませんが），それに応じ

て 100 の信頼区間が得られます。その得られた 100 の信頼区間のうち，約 95 の信頼区間に真値 p が入っているという意味です。

例題 1 $n=600$，$\hat{p}=0.2$ のときの 95％信頼区間を求めなさい。その結果から，信頼区間の範囲が $n=900$ のときより広くなることを確認しなさい。

解答 $1.96 \times \sqrt{\dfrac{0.2 \times 0.8}{600}} = 0.032$ より，$0.2 - 0.032 \leqq p \leqq 0.2 + 0.032$ となる。つまり，信頼区間は $0.168 \leqq p \leqq 0.232$ となる。$n=900$ のときが $0.174 \leqq p \leqq 0.226$ なので広くなった。

例題 2 $n=2400$，$\hat{p}=0.2$ のときの 95％信頼区間を求めなさい。例題 1 の信頼区間と比較しなさい。

解答 $1.96 \times \sqrt{\dfrac{0.2 \times 0.8}{2400}} = 0.016$ より，$0.2 - 0.016 \leqq p \leqq 0.2 + 0.016$ となる。つまり，信頼区間は $0.184 \leqq p \leqq 0.216$ となる。例題 1 の信頼区間の半分になった。

 次の 95％信頼区間を求めなさい。

（1） $n=600$，$\hat{p}=0.5$ のとき
（2） $n=600$，$\hat{p}=0.1$ のとき

品質管理の仮説検定

　工場などで行われている品質管理では，製品の品質が当初決めた管理状態にあり，品質に問題がないと判断できれば出荷します。管理状態になく，何らかの問題があると判断されると出荷が停止されたり，ラインのチェックを行ったりします。管理状態を保証するには，生産過程において製品の一部を検査（標本調査）して，仮説検定の考え方を用います。つまり，

　帰無仮説 H_0：管理状態にある　対立仮説 H_1：管理状態にない

という仮説のもとで管理をします。帰無仮説が正しい（管理状態にある）にもかかわらず，たまたま検査された製品が低品質だったとき，管理状態にないと判断します。これは第1種の過誤で，工場では出荷を止めたり，ラインのチェックを行うので，生産者が余計な負担を受けることになります。一方，管理状態でないにもかかわらず，たまたま検査された製品は問題なく，低品質の製品が見逃され出荷されることがあります。これは第2種の過誤で，消費者が被害を受けることになります。このため，品質管理の分野では，第1種の過誤を生産者リスク（生産者危険），第2種の過誤を消費者リスク（消費者危険）ということがあります。

仮説検定っていろんなところで使われているんだね

統計学への誘い（ヒッグス粒子の存在）

「ヒッグス粒子」という言葉を聞いたことがありますか。物質に質量をもたらすという素粒子です。その存在を 1964 年に予言したイギリスの理論物理学者，エディンバラ大学名誉教授ピーター・ヒッグス博士が 2013 年にノーベル物理学賞を受賞しました。

この素粒子は小さすぎて目で見ることも、電子顕微鏡で見ることもできません。そこで統計学の仮説検定を用いてその存在の発見としています。このときの帰無仮説と対立仮説は次のようになります。

H_0：ヒッグス粒子は存在しない

H_1：ヒッグス粒子は存在する

ヒッグス粒子が存在しないなら、"物理的な性質がこれこれとなる" ということが理論的に示されています。実際にその値を調べてみると、ある場所でその理論値からかけ離れる場所があります。その離れ具合からヒッグス粒子の存在を証明しました。物理の新発見での有意水準は 0.05 や 0.01 というような大きな数値ではありません。3×10^{-7} 程度*でないといけません。この有意水準に到達させるために世界中で長年データをためて証明したのです。

＊：帰無仮説を棄却するには理論値より離れた値が観測される必要があります。物理の発見は、この基準が 5σ といわれています。σ は標準偏差です。観測された値は 5σ より大きく、理論の値より標準偏差 5 つ分離れているということです。この基準で計算すると片側検定での有意水準がおよそ 3×10^{-7} となります。ヒッグス粒子の発見は 4.6σ で発表されましたが、現在（2018 年 9 月発表 https://arxiv.org/abs/1808.08238）は 5.4σ の値が出ています。重力波も同じように 5.1σ の値を出したので 2016 年 2 月に発見とされました。

発展　分散分析への導入

　3つ以上のグループの母平均に差があるか否かを検討する方法として考えられたものが分散分析です。分散分析を理解することは本書の範囲を超えています。そこで，ここでは簡単のために標本サイズをかなり小さくして，次のような2つのテストを題材に見ることにします。

　3つのクラスX組，Y組，Z組で行われた2つのテストの点数の平均点を考えます。表3.Aと表3.Bはそれぞれの組から無作為に3人，4人，5人の計12人を抽出したもので，図3.Aはこれらを図示したものです。長い横線はテスト1とテスト2の全体の平均点（=4）です。短い横線は各クラスの平均点を表し，↕は得点（観測値）と平均点の差を表しています。

表3.A：3つのクラスの生徒の成績（テスト1）

クラス	観測値（点）					人数	クラスの平均点
X組	1	2	3			3	2
Y組	2	3	3	4		4	3
Z組	5	6	6	6	7	5	6
					合計 48	合計 12	全体の平均点 4

表3.B：3つのクラスの生徒の成績（テスト2）

クラス	観測値（点）					人数	クラスの平均点
X組	0	2	4			3	2
Y組	0	2	4	6		4	3
Z組	2	6	6	7	9	5	6
					合計 48	合計 12	全体の平均点 4

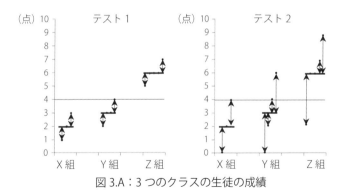
図3.A：3つのクラスの生徒の成績

2つのテストを比較すると，全体の平均点も各クラスの平均点も同じですが，一人ひとりの点数の散らばり方が違うようです。この違いを考えるために3つの平方和を利用します。はじめにテスト1について説明します。

1つ目は<u>総平方和</u> S_T です。これは，クラスに関係なく各生徒の得点が全体の平均点からどのくらい散らばっているかを総合的に表す数値です。

$$\begin{aligned} S_T &= (1-4)^2 + (2-4)^2 + (3-4)^2 \\ &\quad + (2-4)^2 + (3-4)^2 + (3-4)^2 + (4-4)^2 \\ &\quad + (5-4)^2 + (6-4)^2 + (6-4)^2 + (6-4)^2 + (7-4)^2 \\ &= 42 \end{aligned}$$

2つ目が<u>水準間平方和</u> S_A です。それぞれのクラスの平均点が，全体の平均点からどのくらいばらついているかを<u>人数</u>を含め表す数値です。ここで，<u>水準</u>とは，3つのクラスであるX組，Y組，Z組のことをいいます。3つのクラスがあるので3水準あるといいます。図3.Bをみながら水準間平方和を求めてみましょう。

$$S_A = 3 \times (2-4)^2 + 4 \times (3-4)^2 + 5 \times (6-4)^2 = 36$$

（クラスごとの平均点／人数／全体の平均点）

となります。この値は，クラス間の平均点のばらつきが大きいと大きくなる数値です。

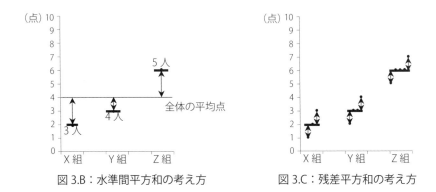

図 3.B：水準間平方和の考え方　　図 3.C：残差平方和の考え方

3つ目が残差平方和 S_e です。それぞれのクラス内で各生徒の得点がクラスの平均点からどのくらい散らばっているかを表す数値です（図 3.C）。

$$S_e = (1-2)^2 + (2-2)^2 + (3-2)^2$$
$$+ (2-3)^2 + 2 \times (3-3)^2 + (4-3)^2$$
$$+ (5-6)^2 + 3 \times (6-6)^2 + (7-6)^2$$
$$= 6$$

となります。この値は，クラスの中でのばらつきが大きいと大きくなる数値です。

実は，3つの平方和，$S_T=42$，$S_A=36$，$S_e=6$ の間に関係式 $S_T = S_A + S_e$ が成り立ちます。または次のように分解できると考えてもよいです。

> （総平方和）＝（水準間平方和）＋（残差平方和）

分散分析は，S_T のばらつき具合を水準（ここでは3つのクラスのこと）

に分けることでどの程度まで説明できるかという考え方をします。S_T に対して，S_A の割合が大きいほど，3つのクラスで平均点が異なり，各生徒の得点の違いはクラスによって決まると考えます。言い換えると，S_A が大きいということは S_e が小さいということです。もし，$S_A = S_T (S_e = 0)$ なら，3つのクラスの生徒の得点はクラスごとに同じとなり，クラスの中では個人差がないということです。つまり，S_T のばらつき具合はクラスに分けることで完全に説明できます。

テスト2についても同様に計算します。$S_T = 90$，$S_A = 36$，$S_e = 54$ となります。テスト1の $S_T = 42$，$S_A = 36$，$S_e = 6$ と比較すると，S_T に対して，S_A の割合が大きくありません。つまり，全体でもクラスの中でも個人差が大きく，3つのクラスで平均点が異なるとはいえないと考えます。

最後に，図3.Dに分散分析のイメージを図示します。実際の分散分析はこれより複雑ですが，このような分解ができることを知っておくことは，これからの統計学を学ぶ上で役に立ちます。

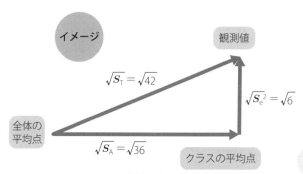

図3.D：残差平方和の考え方

ピタゴラスの定理と似ているね

付表：標準正規分布の上側確率

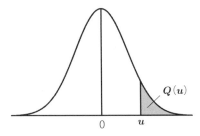

u	.00	.01	.02	.03	.04	.05	.06	.07	.08	.09
0.0	0.5000	0.4960	0.4920	0.4880	0.4840	0.4801	0.4761	0.4721	0.4681	0.4641
0.1	0.4602	0.4562	0.4522	0.4483	0.4443	0.4404	0.4364	0.4325	0.4286	0.4247
0.2	0.4207	0.4168	0.4129	0.4090	0.4052	0.4013	0.3974	0.3936	0.3897	0.3859
0.3	0.3821	0.3783	0.3745	0.3707	0.3669	0.3632	0.3594	0.3557	0.3520	0.3483
0.4	0.3446	0.3409	0.3372	0.3336	0.3300	0.3264	0.3228	0.3192	0.3156	0.3121
0.5	0.3085	0.3050	0.3015	0.2981	0.2946	0.2912	0.2877	0.2843	0.2810	0.2776
0.6	0.2743	0.2709	0.2676	0.2643	0.2611	0.2578	0.2546	0.2514	0.2483	0.2451
0.7	0.2420	0.2389	0.2358	0.2327	0.2296	0.2266	0.2236	0.2206	0.2177	0.2148
0.8	0.2119	0.2090	0.2061	0.2033	0.2005	0.1977	0.1949	0.1922	0.1894	0.1867
0.9	0.1841	0.1814	0.1788	0.1762	0.1736	0.1711	0.1685	0.1660	0.1635	0.1611
1.0	0.1587	0.1562	0.1539	0.1515	0.1492	0.1469	0.1446	0.1423	0.1401	0.1379
1.1	0.1357	0.1335	0.1314	0.1292	0.1271	0.1251	0.1230	0.1210	0.1190	0.1170
1.2	0.1151	0.1131	0.1112	0.1093	0.1075	0.1056	0.1038	0.1020	0.1003	0.0985
1.3	0.0968	0.0951	0.0934	0.0918	0.0901	0.0885	0.0869	0.0853	0.0838	0.0823
1.4	0.0808	0.0793	0.0778	0.0764	0.0749	0.0735	0.0721	0.0708	0.0694	0.0681
1.5	0.0668	0.0655	0.0643	0.0630	0.0618	0.0606	0.0594	0.0582	0.0571	0.0559
1.6	0.0548	0.0537	0.0526	0.0516	0.0505	0.0495	0.0485	0.0475	0.0465	0.0455
1.7	0.0446	0.0436	0.0427	0.0418	0.0409	0.0401	0.0392	0.0384	0.0375	0.0367
1.8	0.0359	0.0351	0.0344	0.0336	0.0329	0.0322	0.0314	0.0307	0.0301	0.0294
1.9	0.0287	0.0281	0.0274	0.0268	0.0262	0.0256	0.0250	0.0244	0.0239	0.0233
2.0	0.0228	0.0222	0.0217	0.0212	0.0207	0.0202	0.0197	0.0192	0.0188	0.0183
2.1	0.0179	0.0174	0.0170	0.0166	0.0162	0.0158	0.0154	0.0150	0.0146	0.0143
2.2	0.0139	0.0136	0.0132	0.0129	0.0125	0.0122	0.0119	0.0116	0.0113	0.0110
2.3	0.0107	0.0104	0.0102	0.0099	0.0096	0.0094	0.0091	0.0089	0.0087	0.0084
2.4	0.0082	0.0080	0.0078	0.0075	0.0073	0.0071	0.0069	0.0068	0.0066	0.0064
2.5	0.0062	0.0060	0.0059	0.0057	0.0055	0.0054	0.0052	0.0051	0.0049	0.0048
2.6	0.0047	0.0045	0.0044	0.0043	0.0041	0.0040	0.0039	0.0038	0.0037	0.0036
2.7	0.0035	0.0034	0.0033	0.0032	0.0031	0.0030	0.0029	0.0028	0.0027	0.0026
2.8	0.0026	0.0025	0.0024	0.0023	0.0023	0.0022	0.0021	0.0021	0.0020	0.0019
2.9	0.0019	0.0018	0.0018	0.0017	0.0016	0.0016	0.0015	0.0015	0.0014	0.0014
3.0	0.0013	0.0013	0.0013	0.0012	0.0012	0.0011	0.0011	0.0011	0.0010	0.0010
3.1	0.0010	0.0009	0.0009	0.0009	0.0008	0.0008	0.0008	0.0008	0.0007	0.0007
3.2	0.0007	0.0007	0.0006	0.0006	0.0006	0.0006	0.0006	0.0005	0.0005	0.0005
3.3	0.0005	0.0005	0.0005	0.0004	0.0004	0.0004	0.0004	0.0004	0.0004	0.0003
3.4	0.0003	0.0003	0.0003	0.0003	0.0003	0.0003	0.0003	0.0003	0.0003	0.0002
3.5	0.0002	0.0002	0.0002	0.0002	0.0002	0.0002	0.0002	0.0002	0.0002	0.0002
3.6	0.0002	0.0002	0.0001	0.0001	0.0001	0.0001	0.0001	0.0001	0.0001	0.0001
3.7	0.0001	0.0001	0.0001	0.0001	0.0001	0.0001	0.0001	0.0001	0.0001	0.0001
3.8	0.0001	0.0001	0.0001	0.0001	0.0001	0.0001	0.0001	0.0001	0.0001	0.0001
3.9	0.0000	0.0000	0.0000	0.0000	0.0000	0.0000	0.0000	0.0000	0.0000	0.0000

練習問題の解答

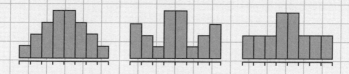

練習問題の解答

　一般に，統計に関する量を記すときの有効数字は，観測値より1桁多くとります。たとえば，観測値が整数で，平均値が4と求められた場合，4.0と書きます。ここでは簡略化のため統計に関する量が整数や有限小数となるときはそのままの値で記しました。

解答 1

(1)

階級（kg）	度数（人）
以上　未満 40 〜 45	1
45 〜 50	4
50 〜 55	6
55 〜 60	7
60 〜 65	5
65 〜 70	2
計	25

(2)

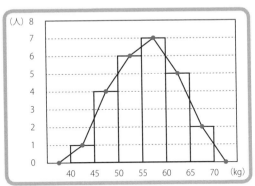

解答 2

(1) 2.5%　　(2) 42.5%

解答 3

(1) $\dfrac{8}{48} = \dfrac{1}{6} = 0.1666\cdots \fallingdotseq 0.17$

(2) X組：0.250 で，Y組：$\dfrac{13}{48} = 0.27\cdots$ より Y組

解答 4

階級（cm）	度数（人）	相対度数	累積度数（人）	累積相対度数
以上　未満 150 ～ 155	5	0.104	5	0.104
155 ～ 160	8	0.167	13	0.271
160 ～ 165	11	0.229	24	0.500
165 ～ 170	13	0.271	37	0.771
170 ～ 175	6	0.125	43	0.896
175 ～ 180	5	0.104	48	1.000
計	48	1.000		

(1) 50%　　(2) 22.9%

(3) それぞれ 155～160(cm)，160～165(cm)，165～170(cm) の階級に属している

解答 5

(平均値) $= \dfrac{32}{12} = \dfrac{8}{3} = 2.66\cdots$
$= 2.7$（点）

観測値	度数	観測値 × 度数
1	3	3
2	2	4
3	4	12
4	2	8
5	1	5
計	12	32

解答 6

階級（分）	階級値（分）	度数（人）	階級値 × 度数
以上　未満 10 〜 30	20	3	60
30 〜 50	40	12	480
50 〜 70	60	9	540
70 〜 90	80	10	800
90 〜 110	100	6	600
計		40	2480

$$（平均値）=\frac{((階級値)\times(度数))の合計}{(観測値の個数)}=\frac{2480}{40}=62（分）$$

解答 7

仮平均 100

観測値	階級値−仮平均	度数	（階級値−仮平均） × 度数
95	−5	2	−10
100	0	3	0
104	4	3	12
116	16	1	16
計		9	18

$$（平均値）=\frac{18}{9}+100=102$$

解答 8

度数が一番多い 10 を見て，この階級値 40 を仮平均とします。

階級 (分)	階級値 (分)	階級値−仮平均	度数 (人)	(階級値−仮平均) × 度数
以上　未満 10 〜 30	20	−20	3	−60
30 〜 50	40	0	10	0
50 〜 70	60	20	5	100
70 〜 90	80	40	5	200
90 〜 110	100	60	7	420
計			30	660

$$（平均値）=\frac{660}{30}+40=62（分）$$

解答 9

観測値の分布が対称形のときは，(中央値)≒(平均値)です。データサイズがわかっていて，時系列で観測値が小さい値から現れるときには，データを並べ替えることなく求まります。よって，18 人目に作業を終えた生徒の時間が平均値です。19 人目以降は作業をすることなく求まるのが面白いのですね。

解答 10

(1) 25　　(2) 7　　(3) 4.5　　(4) 4

解答 11

(1) 5　　(2) 4　　(3) 4.5　　(4) 5

(5) 平均値 4，中央値 4（平均値を求めるときに計算は不要です。平均値 4 のところに新たな観測値 4 を加えたので，平均値は変化しません。）

解答 12

①，②

（平均値と範囲は最大値の影響を受けています。中央値と最頻値は影響がありません。）

解答 13

(1) 15 点　　(2) 25 点　　(3) 最頻値＜中央値＜平均値

解答 14

極端に大きい値の香川県 47277g があり，平均値はこれに大きく影響を受けています。このような場合，代表値としてふさわしいのは，中央値（青森 1250）です。

解答 15

(1)

階級 (cm)	階級値 (cm)	階級値－仮平均	度数 (人)	(階級値－仮平均) × 度数
以上　未満 120 ～ 140	130	－40	1	－40
140 ～ 160	150	－20	6	－120
160 ～ 180	170	0	16	0
180 ～ 200	190	20	12	240
200 ～ 220	210	40	5	200
計			40	280

(2) $\dfrac{280}{40}+170=177$(cm)　(3) 170cm　(4) 160cm 以上 180cm 未満

解答 16

(1) 160cm 以上 180cm 未満　(2) 170cm

(3) 170cm　(4) $\dfrac{6}{36}=\dfrac{1}{6}=0.166\cdots\fallingdotseq 0.17$

(5) ㋐ 130　㋑ −40　㋒ 5　㋓ −120　㋔ 80

(6) $\dfrac{80}{36}+170=\dfrac{20}{9}+170=2.22\cdots+170\fallingdotseq 172.2$(cm)

解答 17

(1) 四分位数は $Q_1=7$, $Q_2=8$, $Q_3=8.5$, 四分位範囲は $Q_3-Q_1=1.5$

(2) 四分位数は $Q_1=3$, $Q_2=6$, $Q_3=8$, 四分位範囲は $Q_3-Q_1=5$

解答 18

(1) $Q_1=2$, $Q_2=4$, $Q_3=6$
(2) $Q_1=2.5$, $Q_2=4.5$, $Q_3=6.5$
(3) $Q_1=2.5$, $Q_2=5$, $Q_3=7.5$
(4) $Q_1=3$, $Q_2=5.5$, $Q_3=8$

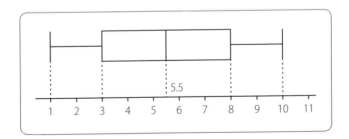

解答 19

	範囲	平均値	四分位数	四分位範囲
データ A	12	7	3, 7, 11	8
データ B	86	17	4, 8, 12	8

この問題で，範囲，平均値には外れ値に対するロバスト性がないが，四分位数，四分位範囲にはあることを確認しましょう。

解答 20

②が正しい。①については平均値ではなく中央値なら正しいです。

解答 21

①が正しい。③については 90 点以上の生徒が同一人物とはいえません。

解答 22

A は②，B は③，C は①

解答 23

B である。ヒストグラムは，面積が度数に比例する。箱ひげ図より 1 から 5 までの範囲にデータの $\frac{1}{4}$ が入っているから，ヒストグラムの面積の $\frac{1}{4}$ が 1 から 5 に入っているものを選びます。

解答 24

C と D

合格品が 50 個以上であるためには，上側のひげ，下側のひげ，箱の上側，箱の下側のうち 2 つが 70.00mm から 70.05mm までに存在していればよいです。

解答 25　D
男女を合わせたデータの最小値は男性の最小値と同じで，最大値は女性の最大値と同じです。第1四分位数は男女とも同じなので男女を合わせた場合も同じになります。

解答 26
(1) C
(2) ②は考えられます。①については Q_1 の階級が1つ上になっているので正しくありません。③については，最大値の階級が1つ下になっているので正しくありません。

解答 27

Aチーム x	偏差 $x-\bar{x}$	偏差の平方 $(x-\bar{x})^2$
176	−3	9
170	−9	81
179	0	0
188	9	81
182	3	9
計 895		偏差平方和 180

Bチーム y	偏差 $y-\bar{y}$	偏差の平方 $(y-\bar{y})^2$
174	−5	25
180	1	1
178	−1	1
182	3	9
181	2	4
計 895		偏差平方和 40

$\bar{x} = \dfrac{895}{5} = 179$

または，仮平均を180とすると

$\bar{x} = \dfrac{(-4)+(-10)+(-1)+8+2}{5} + 180$

$= -1 + 180$

$= 179$

$s_x{}^2 = \dfrac{180}{5} = 36$

$s_x = 6$

$\bar{y} = \dfrac{895}{5} = 179$

または，仮平均を180とすると

$\bar{y} = \dfrac{(-6)+0+(-2)+2+1}{5} + 180$

$= -1 + 180$

$= 179$

$s_x{}^2 = \dfrac{40}{5} = 8$

$s_x = \sqrt{8} = 2\sqrt{2} ≒ 2 \times 1.4 = 2.8$

解答 28

観測値 x	度数 f	xf	$x-\bar{x}$	$(x-\bar{x})^2$	$(x-\bar{x})^2 f$
1	1	1	-2.1	4.41	4.41
2	3	6	-1.1	1.21	3.63
3	2	6	-0.1	0.01	0.02
4	2	8	0.9	0.81	1.62
5	2	10	1.9	3.61	7.22
計	10	31			16.90

$$\bar{x}=\frac{31}{10}=3.1, \quad s^2=\frac{16.90}{10}=1.69, \quad s=\sqrt{1.69}=1.3$$

解答 29

観測値 x	度数 f	xf	$x-\bar{x}$	$(x-\bar{x})^2$	$(x-\bar{x})^2 f$
1	3	3	-2.2	4.84	14.52
2	4	8	-1.2	1.44	5.76
3	4	12	-0.2	0.04	0.16
4	4	16	0.8	0.64	2.56
5	5	25	1.8	3.24	16.20
計	20	64			39.20

$$\bar{x}=3.2, \quad s^2=\frac{39.20}{20}=1.96, \quad s=\sqrt{1.96}=1.4$$

解答 30

$\bar{x}=7,$

$s^2 = \dfrac{390}{6} - 7^2 = 65 - 49 = 16,$

$s = \sqrt{16} = 4$

x	x^2
3	9
4	16
4	16
6	36
12	144
13	169
計 42	390
平均値 7	65

解答 31

観測値 x	度数 f	xf	x^2	$x^2 f$
1	1	1	1	1
2	3	6	4	12
3	2	6	9	18
4	2	8	16	32
5	2	10	25	50
計	10	31		113

$\bar{x} = \dfrac{31}{10} = 3.1$

$s^2 = \dfrac{113}{10} - 3.1^2$

$ = 11.3 - 9.61 = 1.69$

$s = \sqrt{1.69} = 1.3$

解答 32

(1) $4 \times 12 + 6 \times 7 = 90$, 平均点 $= \dfrac{90}{10} = 9$

(2) $\dfrac{(女子4人の得点の2乗の和)}{4} - 12^2 = 5$ より, 596

(3) 同様に, $\dfrac{(男子6人の得点の2乗の和)}{6} - 7^2 = 16$ より, (男子6人の得点の2乗の和)$=390$ です。(10人の得点の2乗の和)$=596+390=986$ より $\dfrac{986}{10} - 9^2 = 17.6$ となります。

解答 33

あるデータの観測値に一律に**負**の定数を加えても，範囲，四分位範囲は変わりません。あるデータの観測値を一律に**負**の定数倍すると，範囲，四分位範囲はその定数の**絶対値倍**になります。ただ，データの観測値を一律に負の定数倍することだけを行うことは，実際にはあまりありません。

解答 34

あるデータの観測値に一律に**負**の定数を加えても，分散と標準偏差は変わりません。あるデータの観測値を一律に**負**の定数倍すると，標準偏差はその定数の**絶対値倍**になり，分散はその定数の2乗倍になります。

解答 35

(1) ① 56　② 10^2　③ 10

(2) ① 75　② 15^2　③ 15

(3) ① 84　② 15^2　③ 15

	元の得点	元の得点＋6	元の得点×1.5	（元の得点＋6）×1.5
平均値	50	56	75	84
分　散	10^2	10^2	15^2	15^2
標準偏差	10	10	15	15

解答 36

(1) ②　　(2) ③　　(3) ②

解答 37

	点数 x	$x-\bar{x}$	$(x-\bar{x})^2$	偏差値 $\dfrac{x-②}{⑤}\times 10+50$
A君	0	−3	9	35
B君	2	−1	1	45
C君	3	0	0	50
D君	4	1	1	55
E君	6	3	9	65
	計 15 ① 平均点①÷5 3 ②		計 20 ③ 分散③÷5 4 ④ 標準偏差√④ 2 ⑤	

解答 38

①

点数 x（点）	度数 f（人）	xf	x^2	x^2f	偏差値
100	1	100	10000	10000	80.0
0	9	0	0	0	46.7
計	10	100		10000	

$$\bar{x}=\frac{100}{10}=10,\ s=\sqrt{\frac{10000}{10}-10^2}=30,\ \text{A君の偏差値}=90/30\times10+50=80$$

②

点数 x（点）	度数 f（人）	xf	x^2	x^2f	偏差値
1	1	1	1	1	80.0
0	9	0	0	0	46.7
計	10	1		1	

$$\bar{x}=\frac{1}{10}=0.1,\ s=\sqrt{\frac{1}{10}-0.1^2}=0.3,\ \text{B君の偏差値}=0.9/0.3\times10+50=80$$

③ n を 2 以上の自然数，$a>b>0$ とします。

点数 x（点）	度数 f（人）	xf	x^2	x^2f	偏差値
a	1	a	a^2	a^2	$10\sqrt{n-1}+50$
b	$n-1$	$(n-1)b$	b^2	$(n-1)b^2$	$-\dfrac{10}{\sqrt{n-1}}+50$
計	n	$a+(n-1)b$		$a^2+(n-1)b^2$	

$$\bar{x}=\frac{a+(n-1)b}{n},$$

$$s=\sqrt{\frac{a^2+(n-1)b^2}{n}-\left\{\frac{a+(n-1)b}{n}\right\}^2}=\cdots=\frac{\sqrt{n-1}}{n}(a-b)$$

C君の偏差値＝$\dfrac{a-\dfrac{a+(n-1)b}{n}}{\dfrac{\sqrt{n-1}(a-b)}{n}} \times 10+50=\sqrt{n-1}\times 10+50$ となり，n＝10を代入すると3×10＋50＝80です。以上からA君もB君もC君も偏差値は全員80で同じなのです！　また，n＝101とするとa点の偏差値は150にもなります。③で偏差値にaとbが含まれていなくて，nのみで決まるのが面白いですね。

　このように極端に偏った分布の場合は，偏差値は意味をなさなくなりますから，得点も同時に見る必要があります。やはり，大切なことは1つの統計に関する量だけで判断しないことです。

解答 39

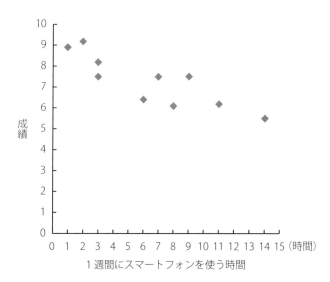

解答 40

(1)

x	y	$x-\overline{x}$	$y-\overline{y}$	$(x-\overline{x})^2$	$(y-\overline{y})^2$	$(x-\overline{x})(y-\overline{y})$
7	6	0	0	0	0	0
6	4	−1	−2	1	4	2
8	8	1	2	1	4	2
8	6	1	0	1	0	0
6	6	−1	0	1	0	0
計 35	30			4	8	4

$\overline{x}=\dfrac{35}{5}=7$, $\overline{y}=\dfrac{30}{5}=6$,

$r=\dfrac{\dfrac{4}{5}}{\sqrt{\dfrac{4}{5}}\sqrt{\dfrac{8}{5}}}=\dfrac{4}{\sqrt{4}\sqrt{8}}=\dfrac{\sqrt{2}}{2}=\dfrac{1.414\cdots}{2}=0.707\cdots\fallingdotseq 0.71$

(2)

x	y	$x-\overline{x}$	$y-\overline{y}$	$(x-\overline{x})^2$	$(y-\overline{y})^2$	$(x-\overline{x})(y-\overline{y})$
7	60	0	0	0	0	0
6	40	−1	−20	1	400	20
8	80	1	20	1	400	20
8	60	1	0	1	0	0
6	60	−1	0	1	0	0
計 35	300			4	800	40

$\overline{x}=7$, $\overline{y}=6\times 10=60$,

$r=\dfrac{\dfrac{40}{5}}{\sqrt{\dfrac{4}{5}}\sqrt{\dfrac{800}{5}}}\fallingdotseq 0.71$

(2) の y は（1）の y を 10 倍したものです。分子も分母も（1）の 10 倍になることを確認しましょう。

(3)

x	y	$x-\overline{x}$	$y-\overline{y}$	$(x-\overline{x})^2$	$(y-\overline{y})^2$	$(x-\overline{x})(y-\overline{y})$
7	16	0	0	0	0	0
6	14	−1	−2	1	4	2
8	18	1	2	1	4	2
8	16	1	0	1	0	0
6	16	−1	0	1	0	0
計 35	80			4	8	4

$\overline{x}=7$, $\overline{y}=6+10=16$, $r\fallingdotseq 0.71$

(3) の y は（1）の y に 10 を加えたものです。分子も分母も（1）と同じになることを確認しましょう。

解答 41

(1)

x	y	$x-\overline{x}$	$y-\overline{y}$	$(x-\overline{x})^2$	$(y-\overline{y})^2$	$(x-\overline{x})(y-\overline{y})$
2	1	−3	−6	9	36	18
4	13	−1	6	1	36	−6
5	7	0	0	0	0	0
6	5	1	−2	1	4	−2
8	9	3	2	9	4	6
計 25	35			20	80	16
平均値 5	7			4	16	3.2

① x の平均値　5　　　　　② y の平均値　7

③ x の分散　4　　　　　　④ y の分散　16

⑤ x の標準偏差　2　　　　⑥ y の標準偏差　4

⑦ x, y の共分散　3.2　　 ⑧ x, y の相関係数　$\dfrac{3.2}{2\times 4}=0.4$

(2)

x	y	$x-\bar{x}$	$y-\bar{y}$	$(x-\bar{x})^2$	$(y-\bar{y})^2$	$(x-\bar{x})(y-\bar{y})$
20	1	−30	−6	900	36	180
40	13	−10	6	100	36	−60
50	7	0	0	0	0	0
60	5	10	−2	100	4	−20
80	9	30	2	900	4	60
計 250	35			2000	80	160
平均値 50	7			400	16	32

（　）は（1）と比べています。

① x の平均値　50(10倍)　　② y の平均値　7

③ x の分散　400(100倍)　　④ y の分散　16

⑤ x の標準偏差　20(10倍)　　⑥ y の標準偏差　4

⑦ x, y の共分散　32(10倍)　　⑧ x, y の相関係数　$\dfrac{32}{20\times 4}=0.4$　（10倍／10倍）

(3)

x	y	$x-\bar{x}$	$y-\bar{y}$	$(x-\bar{x})^2$	$(y-\bar{y})^2$	$(x-\bar{x})(y-\bar{y})$
20	1.1	−30	−0.6	900	0.36	18
40	2.3	−10	0.6	100	0.36	−6
50	1.7	0	0	0	0	0
60	1.5	10	−0.2	100	0.04	−2
80	1.9	30	0.2	900	0.04	6
計 250	8.5			2000	0.80	16
平均値 50	1.7			400	0.16	3.2

（　）は（1）と比べています。

① x の平均値　50(10倍)　　② y の平均値　1.7(0.1倍＋1)

③ x の分散　400(100倍)　　④ y の分散　0.16(0.01倍)

⑤ x の標準偏差　20(10倍)　　⑥ y の標準偏差　0.4(0.1倍)

⑦ x, y の共分散
　3.2(10×0.1倍)

⑧ x, y の相関係数　$\dfrac{3.2}{20\times 0.4}=0.4$　（10倍／0.1倍）

解答 42
(1) ②　(2) ②　(3) ②　(4) ①
(5) ②（<u>負</u>の定数倍しているので注意）

解答 43
(1) ③　(2) ④　(3) ②　(4) ①

解答 44
(1) ⑤　(2) ⑥　(3) ③　(4) ⑧　(5) ③
(6) ⑤

解答 45
②が正しい。①相関係数が高くても因果関係があるとはいえません。③曲線の上でなく，右上がりの直線の上でないとその相関係数は1になりません。④外れ値の影響で相関係数が大きくなることがあります。

解答 46
(1) ②が正しい。①気温の平均値は変わりません。③直線の関係が強くなるので相関係数は大きくなります。
(2) ②が正しい。①修正後の相関係数は大きいので，気温が高いほど売上数が多い傾向があるといえます。③いくつかの観測値が右上がりの直線から多少外れているが大きな影響はなく気温が高いほど売上数が多い傾向があるとはいえます。

解答 47

x	y	$x-\bar{x}$	$y-\bar{y}$	$(x-\bar{x})^2$	$(x-\bar{x})(y-\bar{y})$
2	2	-3	-1	9	3
4	4	-1	1	1	-1
6	2	1	-1	1	-1
8	4	3	1	9	3
計 20	12			20	4
平均 5	3				

$$\hat{\beta}=\frac{\frac{4}{4}}{\frac{20}{4}}=\frac{4}{20}=0.2,\ \hat{\alpha}=3-0.2\times5=2 \quad \text{より}\ y=2+0.2x$$

解答 48

$y=2+0.2x$

x	y	$y-\bar{y}$	$(y-\bar{y})^2$	$\hat{y}$	$\hat{y}-\bar{y}$	$(\hat{y}-\bar{y})^2$
2	2	-1	1	2.4	-0.6	0.36
4	4	1	1	2.8	-0.2	0.04
6	2	-1	1	3.2	0.2	0.04
8	4	1	1	3.6	0.6	0.36
計 20	12		S_T 4			S_R 0.80
平均 5	3					

より $R^2=\dfrac{0.80}{4}=0.2$

解答 49
①が正しい。②決定係数 R^2 は, $0 \leq R^2 \leq 1$ の値をとります。③本問は回帰直線の決定係数について問うているので，すべての観測値が曲線の上にあるなら決定係数は 1 になりません。数理モデルとしてこの曲線を表す式を考えた場合はその決定係数は 1 となり得ます。④回帰直線の決定係数が小さくても，曲線の関係などがあり得ます。

解答 50
視聴率の調査：s，国勢調査：c，世論調査：s

解答 51
(1) 母集団：入場者の 7500 人
(2) 標本：選び出された 150 人
(3) $7500 \times \dfrac{20}{150} = 1000$（人）

解答 52
釣り堀にいる魚の数を x（匹）とします。$14 : x = 4 : 20$ という関係を解くと $x = 14 \times \dfrac{20}{4} = 70$（匹）となります。

解答 53
初めに 3 桁ずつ区切り，600 以下の数値を 10 個取り出すと，次の下線の番号が選ばれます。

612, 053, 606, 560, 855, 265, 277, 043, 882, 789, 980, 959, 938, 370, 773, 319, 456, 420, 343, 731, 436, 971, 119, 509, 077, 853, 920, 246, …

乱数を使用する場合は最初の数から選ぶことはなく，適当に選んで始めてもかまいません。たとえば，2 つ目の数から選ぶと次のようになります。

6, 120, 536, 065, 608, 552, 652, 770, 438, 827, 899, 809, 599, 383, 707, 733, 194, 564, 203, 437, 314, 369, 711, 195, 090, 778, 539, 202, 4, 6, …

解答 54

① $A \cup B = \{2, 4, 6\} \cup \{1, 2, 3\} = \{1, 2, 3, 4, 6\}$
② $B \cup C = \{1, 2, 3\} \cup \{1, 5\} = \{1, 2, 3, 5\}$
③ $A \cap B = \{2, 4, 6\} \cap \{1, 2, 3\} = \{2\}$
④ $A \cap C = \{2, 4, 6\} \cap \{1, 5\} = \phi$ より, 事象 A と C は互いに排反
⑤ $C^c = \{2, 3, 4, 6\}$

解答 55

事象 $A = \{0, 2, 4, 6, 8\}$, 事象 $B = \{7, 8, 9\}$ より, $A \cup B = \{0, 2, 4, 6, 7, 8, 9\}$, $A \cap B = \{8\}$。それぞれの確率は, $P(A) = \dfrac{5}{10} = \dfrac{1}{2}$, $P(B) = \dfrac{3}{10}$, $P(A \cup B) = \dfrac{7}{10}$, $P(A \cap B) = \dfrac{1}{10}$。$P(B|A)$ は, 事象 A の中で 7 以上の目になる確率なので $\dfrac{1}{5}$。これらを加法定理と乗法定理を用いて示すと, $P(A \cup B) = P(A) + P(B) - P(A \cap B) = \dfrac{5}{10} + \dfrac{3}{10} - \dfrac{1}{10} = \dfrac{7}{10}$, $P(A \cap B) = P(A)P(B|A) = \dfrac{5}{10} \times \dfrac{1}{5} = \dfrac{1}{10}$ となります。

解答 56

事象 $A = \{(表, 1), (表, 2), \cdots, (表, 6)\}$, 事象 $B = \{(表, 3), (裏, 3), (表, 6), (裏, 6)\}$ より, $A \cup B = \{(表, 1), (表, 2), \cdots, (表, 6), (裏, 3), (裏, 6)\}$, $A \cap B = \{(表, 3), (表, 6)\}$。それぞれの確率は, $P(A) = \dfrac{6}{12} = \dfrac{1}{2}$, $P(B) = \dfrac{4}{12} = \dfrac{1}{3}$。$P(A \cup B) = \dfrac{8}{12} = \dfrac{2}{3}$, $P(A \cap B) = \dfrac{2}{12} = \dfrac{1}{6}$。

$P(B|A) = \dfrac{2}{6} = \dfrac{1}{3} = P(B)$ より事象 A と B が独立であることがわかります。つまり, $P(A \cap B) = P(A)P(B|A) = P(A)P(B) = \dfrac{1}{2} \times \dfrac{1}{3} = \dfrac{1}{6}$ となります。

解答 57

期待値 $\mu = 1 \times \dfrac{1}{3} + 2 \times \dfrac{1}{3} + 3 \times \dfrac{1}{3} = 2$。

分　散 $\sigma^2 = (1-2)^2 \times \dfrac{1}{3} + (2-2)^2 \times \dfrac{1}{3} + (3-2)^2 \times \dfrac{1}{3} = \dfrac{2}{3}$。

標準偏差 $\sigma = \dfrac{\sqrt{6}}{3}$。

解答 58

期待値 $\mu = 1 \times \dfrac{1}{4} + 2 \times \dfrac{1}{4} + 3 \times \dfrac{1}{2} = \dfrac{9}{4}$。

分散 $\sigma^2 = 1^2 \times \dfrac{1}{4} + 2^2 \times \dfrac{1}{4} + 3^2 \times \dfrac{1}{2} - \left(\dfrac{9}{4}\right)^2 = \dfrac{92}{16} - \dfrac{81}{16} = \dfrac{11}{16}$。

標準偏差 $\sigma = \dfrac{\sqrt{11}}{4}$。

解答 59

(1) コインを 10 回投げた場合，表が 3 回出る確率は
$${}_{10}C_3 \left(\dfrac{1}{2}\right)^3 \left(1 - \dfrac{1}{2}\right)^7 = 120 \times \left(\dfrac{1}{2}\right)^3 \times \left(\dfrac{1}{2}\right)^7$$
と計算でき，期待値は $10 \times \dfrac{1}{2} = 5$，分散は $10 \times \dfrac{1}{2} \times \dfrac{1}{2} = \dfrac{5}{2}$

(2) サイコロを 10 回投げた場合，1 の目が 3 回出る確率は
$${}_{10}C_3 \left(\dfrac{1}{6}\right)^3 \left(1 - \dfrac{1}{6}\right)^7 = 120 \times \left(\dfrac{1}{6}\right)^3 \times \left(\dfrac{5}{6}\right)^7$$
と計算でき，期待値は $10 \times \dfrac{1}{6} = \dfrac{5}{3}$，分散は $10 \times \dfrac{1}{6} \times \dfrac{5}{6} = \dfrac{25}{18}$

(3) このくじを 12 回引いた場合，当たりが 4 回出る確率は $ {}_{12}C_4 \left(\dfrac{1}{6}\right)^4 \left(1 - \dfrac{1}{6}\right)^8 = 495 \times \left(\dfrac{1}{6}\right)^4 \left(\dfrac{5}{6}\right)^8$ と計算でき，
期待値は $12 \times \dfrac{1}{6} = 2$，分散は $12 \times \dfrac{1}{6} \times \dfrac{5}{6} = \dfrac{5}{3}$

解答 60

(1) $P(Z \geq 1.35) = 0.0885$, $P(Z \geq -1.35) = 0.9115$, $P(|Z| \leq 1.35) = 0.8230$

(2) $P(X \geq 68) = P(Z \geq 1.6) = 0.0548$, $P(X \leq 68) = P(Z \leq 1.6) = 0.9452$, $P(68 \leq X \leq 70) = P(1.6 \leq Z \leq 2.0) = 0.0548 - 0.0228 = 0.0320$

解答 61

確率変数 X が二項分布 $B(100, 2)$ に従うので，X の平均は $100 \times 0.2 = 20$，分散は $100 \times 0.2 \times 0.8 = 16$ となる。標準化 $Z = \dfrac{X - 20}{4}$ と連続修正により次のようになる。

近似に用いる正規分布は $N(\underline{20, 16})$ です。Y が $N(20, 16)$ に従い，Z が $N(\underline{0, 1})$ に従うとき，$P(X \geq 30) \fallingdotseq P(Y \geq 29.5) = P\left(Z \geq \dfrac{29.5 - 20}{4}\right) = P(Z \geq \underline{2.375}) = \underline{0.0088}$ となる。

解答 62

(1) $H_0 : p = \dfrac{1}{6}$, $H_1 : p > \dfrac{1}{6}$。

(2) 有意水準 1% の棄却域は $X \geq 5$。

(3) $X = 4$ はこの棄却域に入っていないので，H_0 は棄却されない。1 の目が出やすいとはいえない。

解答 63

有意水準 5% の棄却域は $X \geq 4$ です。$X = 4$ はこの棄却域に入っているので，H_0 は棄却され，1 の目が多く出るとはいえる。

解答 64

(1) X は二項分布 $B(\underline{180}, \dfrac{1}{6})$ に従うので，Y が従う正規分布 $N(\underline{30}, \underline{25})$ を用いて求める。$P(X \geqq \underline{35}) \fallingdotseq P(Y \geqq \underline{34.5}) = P\left(Z \geqq \dfrac{34.5-30}{\underline{5}}\right) = P(Z \geqq \underline{0.9}) = \underline{0.1841}$

(2) 0.05 より<u>大き</u>な値なので，帰無仮説は棄却<u>されない</u>。1 の目が出やすいとはいえ<u>ない</u>。

(3) $P(Z \geqq 1.645) = P(Y \geqq \underline{1.645 \times 5 + 30}) = P(Y \geqq \underline{38.225})$
$\fallingdotseq P(X \geqq \underline{38.725})$，これより，$X \geqq \underline{39}$ が棄却域となる。

解答 65

(1) $1.96 \times \sqrt{\dfrac{0.5 \times 0.5}{600}} = 0.040$ より，$0.5 - 0.040 \leqq p \leqq 0.5 + 0.040$，つまり，$0.460 \leqq p \leqq 0.540$。

(2) $1.96 \times \sqrt{\dfrac{0.1 \times 0.9}{600}} = 0.024$ より，$0.1 - 0.024 \leqq p \leqq 0.1 + 0.024$，つまり，$0.076 \leqq p \leqq 0.124$。

索 引

い
1変量（1変数, 1次元）データ　　90

か
回帰係数　　120
回帰直線　　120
回帰による平方和　　125
階級　　4
階級値　　22
階級の代表値　　22
階級の幅　　4
ガウス分布　　163
確率　　145
確率関数　　152
確率分布　　153
確率分布に従う　　156
確率密度関数　　153
仮説検定　　172
片側検定　　175
カテゴリ　　4
加法定理　　148
仮平均　　25
観測値　　2

き
棄却域　　174
記述統計　　134
擬相関　　110
期待値　　157
帰無仮説　　174
共分散　　97
近似値　　86

く
空事象　　144
区間推定　　180

け
決定係数　　125
検出力　　179

こ
誤差　　86
五数要約　　44
古典的確率　　145
根元事象　　144

さ
最小値　　3
最小二乗法　　122
最大値　　3
最頻値　　19, 32
残差　　121
残差平方和　　121, 188
散布図　　91
サンプル　　134
サンプル調査　　136

し
試行　　143
事象　　144
事象の独立性　　149
質的データ　　4
四分位数　　42
四分位範囲　　42
条件付き確率　　149
消費者リスク　　184
乗法定理　　149
真値　　135
シンプソンのパラドックス　　116

す
水準間平方和　　187
水準　　187
推測統計　　135
推定値　　121
推定　　172
数理モデル　　119

せ
正規分布　　163
正規方程式　　122
生産者リスク　　184
正の相関　　92
積事象　　144
切断効果　　113
説明変数　　120
線形関係　　92
全事象　　144
全数調査　　135

そ
相関がない　　92
相関係数　　99
相対度数　　11
相対度数分布表　　11
総平方和　　125, 187
測定値　　86

た
第1四分位数　　42
第1種の過誤　　179
第3四分位数　　42
第3の変数　　111
大数の法則　　146
第2四分位数　　42
第2種の過誤　　179
代表値　　19
対立仮説　　174
互いに排反　　144

ち
中位数　　30
中央値　　19, 27, 30
柱状グラフ　　6

直線の関係	92	標本空間	144	**も**	
散らばりの程度	41	標本サイズ	135	モード	32
		標本調査	136		
つ		標本点	144	**ゆ**	
強い相関	106	標本の大きさ	135	有意水準	174
		頻度確率	146	有効数字	87
て				有効数字の桁数	87
データ	2	**ふ**			
データサイズ	3	不確実な現象	143	**よ**	
データの大きさ	3	負の相関	92	余事象	144
点推定	181	分散	60, 157	予測値	121
		分散分析	186	弱い相関	106
と		分布	3		
統計的仮説検定	172	分布関数	154	**ら**	
統計的推定	172			乱数	139
同様に確からしい	145	**へ**		乱数列	139
独立施行	161	平均	157	ランダム抽出	138
度数	4	平均値	19		
度数分布多角形	7	平均への回帰	130	**り**	
度数分布表	4	平均偏差	62	離散一様分布	154
ドットプロット	5	偏差	58	離散一様乱数	139
ド・モアブル＝ラプラスの定理		偏差積和	96	離散型確率変数	153
	165	偏差値	81	両側検定	175
		偏差平方和	60	量的データ	4
に		ベン図	147		
二項分布	161			**る**	
二項分布の正規分布近似	168	**ほ**		累積相対度数	13
2変量(2変数,2次元)データ		棒グラフ	9	累積度数	13
	90	母集団	134	累積分布関数	154
		母集団サイズ	135	累積分布図	14
は		母集団の大きさ	135		
箱ひげ図	44			**れ**	
外れ値	29	**み**		レンジ	3
範囲	3	見かけ上の相関	110	連続一様分布	154
		右に裾をひいた分布	29	連続型確率変数	153
ひ		幹葉図	10	連続修正	169
ヒストグラム	6, 9				
被説明変数	120	**む**		**ろ**	
左に裾をひいた分布	29	無作為抽出	134, 138	68-95-99.7ルール	164
標準化	80, 165	無相関	92	ロバスト性(頑健性)	31
標準正規分布	165	無名数	81		
標準化得点	80			**わ**	
標準偏差	61, 158	**め**		和事象	144
標本	134	メジアン	30		

■編著者紹介

須藤　昭義（すどう　あきよし）
　　1992 年　　早稲田大学教育学部理学科数学専修卒業
　　2016 年度　一般財団法人 統計質保証推進協会 研究員
　　現　　在：成蹊中学高等学校数学科教諭
　　専　　門：統計教育
　　主要業績：「中高一貫校における統計教材開発」(統計数理第 66 巻 第 1 号，2018)

中西　寛子（なかにし　ひろこ）
　　1988 年　　北海道大学大学院工学研究科情報工学専攻博士後期課程修了
　　現　　在：成蹊大学名誉教授，工学博士（北海道大学）
　　専　　門：応用統計学，多変量解析
　　主要業績：『スタンダード　文科系の統計学』(培風館，2018)　など

●カバーデザイン＝山崎幹雄（山崎幹雄デザイン室）
●イラスト＝小嶋美澄

書き込み式 統計学入門 スキマ時間で統計エクササイズ

2019 年 6 月 25 日　第 1 刷発行
2025 年 2 月 25 日　第 7 刷発行

© Akiyoshi Sudo, Nakanishi Hiroko, 2019
Printed in Japan

著　者　須　藤　昭　義
　　　　中　西　寛　子
発行所　東京図書株式会社
〒102-0072　東京都千代田区飯田橋 3-11-19
振替 00140-4-13803　電話 03(3288)9461
http://www.tokyo-tosho.co.jp/

ISBN 978-4-489-02315-6